저탄소 건설재료

지오셀의 설계 및 시공

저탄소 건설재료

지오셀의 설계 및 시공

The Design and Construction of Geocells

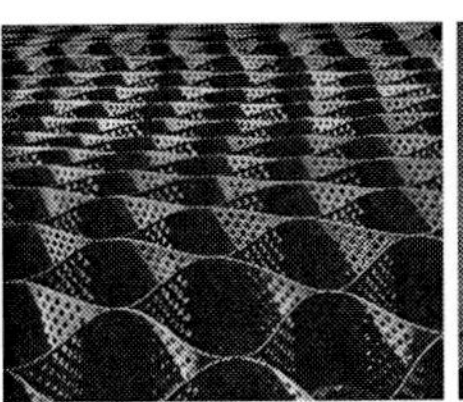

(사)한국지반신소재학회 편저

씨아이알

권두언

(사)한국지반신소재학회는 2001년 창립된 이래 국내외 전문가들의 활발한 교류와 열정적인 노력으로 괄목할 만한 산·학·연 업적을 축적하면서, 23년의 역사를 지닌 명실상부한 전문 학회로 성장하였습니다. 최근에는 전 세계적인 기후 위기에 대응하여 건설산업에서 탄소 중립을 실현하기 위해 '저탄소 건설재료'를 활용한 첨단 기능성 기술 연구와 개발에 집중하고 있습니다. 저탄소 건설재료 중의 하나인 '지오셀(Geocell)'은 국내에 도입된 지 50년이 되었으며, 지속적인 도전과 개선 노력으로 관련 산업이 성장해 왔습니다. 최근에는 국내 제조업체들이 지오셀을 적극 생산하고 있으며, 설계 기관에서 다양한 현장에 활발하게 적용하고 있어 지오셀을 활용한 지반 개량 및 보강 분야의 기술이 지속적으로 발전하고 있습니다.

지오셀을 건설 현장에 효과적으로 활용하려면 다양한 기술적 수준, 즉 지오셀을 활용하는 공법의 설계와 현장 적용기술의 복잡성을 만족시키는 고도화된 기술 연구와 개발이 필수적입니다. 이에 따라 관련 전문가들은 지반 공학을 바탕으로 한 지오셀 공학 정립과 기술체계 구축을 위해 지속적으로 노력하고 있습니다. 그러나 현재 많은 엔지니어와 관계자들은 지오셀의 설계와 시공에 필요한 기초 기술자료가 부족하다고 지적하고 있습니다. 이 문제를 해결하려면 기존 연구와 적용 사례를 체계적으로 정리하고, 실무 엔지니어에게 효과적으로 정보를 전달할 수 있는 체계를 구축할 필요가 있습니다.

이러한 배경을 바탕으로, (사)한국지반신소재학회에서는 지오셀을 활용하는 지반 공학 분야의 실무자들에게 공학적 도움을 제공하고자 '지오셀의 설계 및 시공' 가이드라인을 발간하게 되었습니다. 집필진은 본 가이드라인에 지오셀의 제품규격, 기초적인 설계기준, 시공 세부사항 등을 비롯하여, 지오셀 제품의 다양성과 적용 분야의 복잡성 증가에 따른 적합한 설계기준과 관련 기술을 상세하게 설명하려고 노력하였습니다.

이 책이 지오셀과 관련된 기술적 요구사항을 충족시키고, 해당 분야의 전문성 향상에 기여할 수 있기를 그리고 모든 실무 관계자에게 유용한 자료가 되기를 기대합니다.

2024. 5.

(사)한국지반신소재학회 회장

Contents

CHAPTER 01

서론

CHAPTER
01 서론

1.1 지오셀의 개요

지오셀(Geocell)은 일정 높이(층의 두께)를 갖는 벌집형태 3차원 매트리스 구조의 지오신세틱스(Geosynthetics)를 지칭하며, 국내 관급자재에 등록명 “토목용보강재”의 하위분류인 “셀형 토목용보강재”로 지칭되고 있다.

국내에는 1980년대 후반에 소개되어 적용되었으며, 2000년대 초에 관련 지식재산권의 보호 기간이 종료됨에 따라 국내외에서 활발히 생산되고 있다. 또한 기술의 발전으로 다양한 소재와 규격으로 제품화되었으며, 지오셀을 이용한 다양한 응용기술이 개발되었다. 이에 따라 국내 관급자재 영역에서도 관련 제품에 대한 분류와 규격화가 진행되었으나, 정확한 공학적 자료에 근거한 기준의 제안이 아닌 행정업무상의 편의를 위한 분류와 기준체계가 수립됨으로 관련 기관과 실무자들의 정확한 업무 진행에 한계를 보이고 있다.

최근에 다수의 관련 제품을 생산 및 시공하는 회사뿐 아니라 감독기관에서도 지오셀의 제품규격, 설계기준, 시공 및 유지관리 등에 대한 공학적 자료 및 기준의 부재에 따른 적법한 프로젝트의 관리에 어려움을 피력하는 경우를 자주 접하였다.

본 책자에서는 지오셀에 대한 관련 실무자의 이해를 돕고, 업무에 지속적으로 활용될 수 있는 지오셀에 대한 기술적 해설과 현장관리 가이드라인을 담고자 하였다. 다양한 제품에 따른 제조회사별 제품규격을 최대한 포함하고자 하였으며, 주 적용 분야인 기층보강,

토류구조물, 사면(침식)보호 등에 대한 기초적인 설계법과 시공관리 등의 내용을 정리하였다. 또한 제품의 장기적 안정성에 영향을 미치는 요인과 다양한 기술적 요구사항에 도움이 될 수 있는 내용도 정리하였다.

1.2 지오셀의 이해

1.2.1 역사

지오셀은 1975년 미 공병단 작전 차량의 해안 모래 조건에서의 주행성 확보를 위한 연구에서 초기 연구되었으며, 지속적인 연구결과, 지오셀의 셀 접합강도, 셀 크기 대 셀 높이 비율이 지오셀 기층보강을 통한 차량 주행성을 결정하는 주요 인자임이 보고되었다.
이후 1986년 미국 Presto사에 의해 고밀도 폴리에틸렌 소재를 이용한 제품으로 상업적인 활동이 시작되었으며, 국내에는 1990년대 초부터 본격적으로 도입되었다. 개발 초기 지지력 개선을 위한 적용 분야에서 시작하여, 사면보호와 토류구조물을 위한 설계방법이 제시되면서 다양한 분야로 확대 적용되고 있다.
2000년대 지식재산권 보호 기간이 종료되면서 주요 후발국가에서 지오셀의 생산이 가능해졌으며, 이후 2010년대 초반 국내에서도 자체 생산을 통한 공급과 시공이 활발히 진행되고 있다.

a) 초기 지오셀 시험시공 모습

b) 미 공병단 지오셀 초기 시공 모습

그림 1.1 미 공병단의 지오셀 시험시공 모습

1.2.2 지오셀의 공학적 이해

1.2.2.1 지오셀의 용어 정의

지오셀에 사용되는 용어는 다음과 같이 정의되고 있다.

- 단위 셀 : 지오셀을 구성하는 한 개의 셀
- 셀 높이 : 지오셀을 구성하는 띠(Strip)의 폭으로, 지오셀 매트리스 한 층의 두께를 지칭
- 셀(공칭) 직경 : 단위 셀을 가상의 원으로 간주하였을 때 원의 직경. 지오셀을 구성하는 셀은 완전한 원이 아니며 이 셀의 크기를 규정하기 위해 가상의 원으로 간주한 원의 직경으로 표기
- 셀 크기 : 셀 직경이나 셀의 길이/폭 크기로 표기
- 셀 융착 간격 : 셀을 형성하기 위해 실시하는 초음파 융착의 간격. 이 융착 간격에 따라 셀의 크기가 결정, 다른 적정한 접합연결방법에서는 접합 간격에 해당
- 지오셀 길이 : 지오셀을 접힌 상태에서 펼칠 때, 펼쳐지는 방향의 길이(그림 1.2 참조)
- 지오셀 폭 : 지오셀의 띠 길이 방향(그림 1.2 참조)

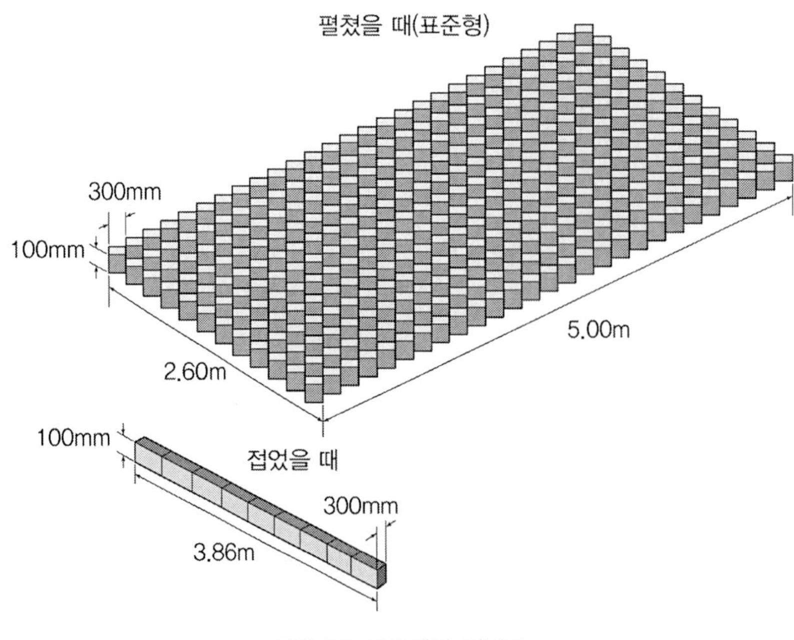

그림 1.2 지오셀의 개념도

• 섹션 : 지오셀을 펼쳤을 때 형성되는 한 개의 판을 지칭(그림 1.2 참조)

• 셀 띠 : 지오셀을 구성하는 띠(Strip)를 지칭하며, 매끄러운(Smooth) 표면, 요철이 형성된(Textured) 표면, 부직포, 격자형 띠 등 다양한 소재와 표면처리된 형태의 띠가 적정하게 연결되어 벌집형태를 구성

1.2.2.2 지오셀의 형태적 특징

지오셀은 그림 1.2와 같이 벌집 모양의 매트리스 구조를 갖는다. 보편적으로 사용되는 원료는 고밀도 폴리에틸렌(High Density Polyethylene, HDPE)으로, 얇은 띠 형상으로 제조한 후 적절한 융착접합장치를 통해 셀 접합부를 형성하여 일정한 폭과 길이의 지오셀 매트리스를 구성하게 된다. 저장과 운송을 위해서는 접힌 상태로 포장되며, 사용 시 완전히 펼친 상태에서 각 셀을 일정 채움재로 채워 사용하는 방식이다. 이때 적용 분야에 따라 셀 높이와 셀 개구부의 크기가 각기 다른 형상비의 제품을 적용한다. 셀 매트리스의 폭은 제조설비의 규모에 따라 달라지기 때문에 생산회사별로 차이가 날 수 있다. 또한 셀 매트리스의 길이는 융착시키는 띠(Strip)의 수에 따라 달라진다.

단위 셀은 펼치는 방향에 따라 완전한 원형이 아니라 타원형이 되므로, 개구부의 공칭 직경의 값으로 표현한다(그림 1.3 참조). 전술한 바와 같이 지오셀이 기층보강(차량 주

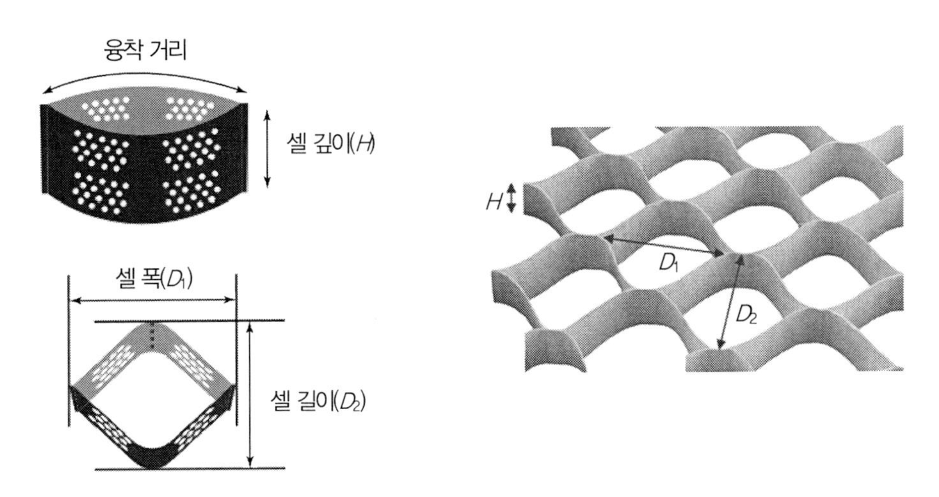

그림 1.3 지오셀의 단위 셀 개념도

행성 개선) 등을 위해 적용되는 경우, 상부에 작용하는 하중의 작용 면적과 셀의 공칭 직경, 셀 높이의 형상비에 따른 개선효과에 차이가 발생하므로 최적의 형상비를 도출한 후 적용하는 것이 바람직하다.

1.2.2.3 지오셀의 보강 메커니즘

지오셀의 지반보강 메커니즘은 그림 1.4와 같이 무보강인 경우에는 영역 1에 작용하는 하중에 의해 지반의 영역 2와 3이 순차적으로 변형되어 지지력이 결정되지만, 셀 보강재로 보강되는 경우에는 영역 2와 3의 지반 변형이 셀벽에 의해 억제되어 보강되는 메커니즘을 갖는다.

여기에 더해 다양한 토목용보강재(지오텍스타일 또는 지오그리드 등)와 조합되어 지반보강에 적용된 다양한 경우와 연구사례는 선행연구 등을 통해 확인할 수 있다.

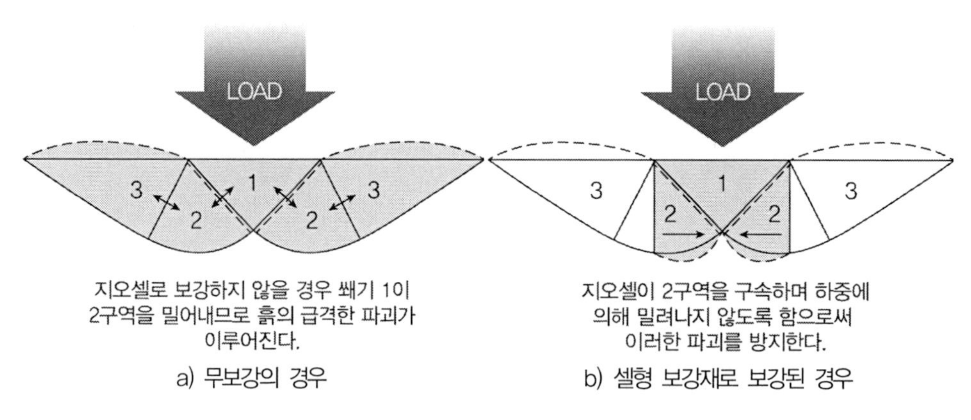

그림 1.4 지오셀의 지반보강 메커니즘

1.3 국내외 현황

1.3.1 국외 현황

지오셀은 미 육군 공병단에 의해 공학적 특징과 공법의 장점이 소개된 이후 지오웹(Geoweb)이라는 상품명으로 세계 최초로 사업화가 진행되었으며, 2000년대 초에 지오셀 기술의 지식재산권 보호 기간이 끝나면서 다수의 제조사들이 제품을 생산하고 있다. 이스라엘에서는 PRS Geocell System이 소개되었고, 중국과 대만에서는 다수의 회사에서 제품을 공급하고 있다. 러시아에서는 지오셀의 띠에 보강섬유를 삽입한 형태의 개선된 제품(Geocord)을 소개하고 있다.

한편, 지오셀의 지식재산권의 기술범위를 피하기 위해 부직포 소재를 이용한 제품이 소개되었는데, 상업적으로는 크게 성공하지 못한 것으로 보인다. 다만 Dupont사에서 소개한 대형 지오셀의 경우에는, 방재영역에서 소기의 사례가 보고되고 있다.

지오셀에 대한 새로운 해석과 접근이 시도된 것은 1990년대이다. Tensar사에서 지오그리드를 현장에서 셀 형태로 조립, 셀 높이가 1.0m가 넘는 대형 셀을 구성하여 연약지반을 보강하는 공법을 소개하며 매우 효과적이고 효율적인 기술로 활용되고 있다. 이것은 그리드형 토목용보강재(지오그리드)의 적용기술로, 공장제조되는 지오셀로 간주하기에는 무리가 있다.

최근에는 천연 야자섬유를 원료로 하는 제품이 소개되어 사면 표층보호와 자연분해에 의한 친환경 이슈로 눈길을 끌고 있다. 분명한 것은 제품의 수명이 단기적이기 때문에 녹화를 통한 사면표층의 안정화가 조기에 가능한 동남아 지역에서만 적용 사례를 확인할 수 있다는 것이다.

1.3.2 국내 현황

지오셀이 국내에 소개된 것은 1980년대 후반이다. 미국의 지오웹 시스템이 국내에 소개되었으며, 도입 초기에는 지식재산권에 의해 관련 기술이 보호되고 있었기 때문에 폭넓은 적용에는 한계가 있었다. 수입된 기술에 의한 해외기술지원으로 높은 토류구조물 등의 공학적 의미가 있는 시공사례들을 이 시기에 찾아볼 수 있다. 2000년대 초 관련 지식재산권의 보호 기간이 만료되면서 지오셀의 제조 및 공급 다변화가 가능해지자, 자체 생산이나 아웃소싱을 통한 지오셀의 사업화를 추진하는 기업이 증가하게 되었다. 다만 공학적인 설계기준과 품질기준이 정립되지 않은 상태에서 적용되는 단계로, 높은 공학적 전문성을 요하는 토류구조물이나 복합구조물에는 설계 역량 등의 부족으로 기대만큼

활성화되지 못하고 있다.

제품군은 폴리에틸렌 띠를 초음파 열융착하는 제품과 격자형 띠를 초음파 열융착하는 제품의 사업화가 이루어졌으며, 지오그리드를 적절하게 접합 연결한 제품이 소개되었다.

a) Geoweb 제품
b) Geocord 제품
c) GroundGrid 제품
d) Terram 제품
e) 격자형 셀벽을 갖는 제품
f) Coir 지오셀® 제품

그림 1.5 다양한 지오셀 제품

CHAPTER 02

지오셀의 제품규격

CHAPTER

02 지오셀의 제품규격

2.1 지오셀 제품규격서 가이드라인(안)

작성 가이드라인 : 본 가이드라인은 지오셀의 제품규격서를 작성하는 데 도움이 되는 가이드를 제공하는 데 그 목적이 있다. 고밀도 폴리에틸렌 띠(Strip)를 융착하여 제조된 지오셀 제품을 기준으로 제품규격 작성 예시를 제공하고 있으며, 속채움재, 기타 부속 및 관련자재(지오텍스타일, 지오그리드, 고정장치, 지오멤브레인, 보강로프, 배수용 지오콤포지트 그리고 표층 처리재)는 일반적인 사항만을 제시하였다.

2.1.1 개요

2.1.1.1 범위

기층보강, 사면보호, 토류구조물 및 수로 사면보호 공법에 적용되는 지오셀 및 그 적용 시스템의 제반 사항에 대해 기술하고 있다.

2.1.1.2 참고자료

1) KS K ISO 10319 지오신세틱스-광폭 인장강도 시험

2) KS K ISO 13426-1 지오텍스타일 및 관련 제품-내부구조 접점강도-제1부:지오셀

3) ASTM D 1505 밀도-구배법에 의한 플라스틱의 밀도

4) ASTM D 1693 에틸렌 플라스틱의 환경 응력 균열

5) ASTM D 5199 지오텍스타일과 지오멤브레인의 공칭 두께 측정

2.1.1.3 지오셀 소개

작성 가이드라인 : 각 제조사의 지오셀 제품에 대해 소개하는 내용을 개괄적으로 기술한다.

1) 지오셀 : 일정 폭의 폴리에틸렌 띠를 초음파 융착에 의해 엇갈리게 융착하여 제조되며, 충분히 펼치면 유연한 3차원 벌집구조를 형성하고 적절한 셀 속채움재로 채워 보강층을 형성하는 셀형 토양 구속 시스템

2) 지오셀을 구성하는 띠는 요철이 형성되어 있으며, 필요에 따라 일정 비율로 천공(Perforated)된 구멍이 형성

3) 적용 분야 : 기층보강, 사면보호, 토류구조물, 수로 사면보호 등 기타 지반보강시스템과 조합하여 다양한 분야에 적용 가능

2.1.1.4 제시자료

1) 지오셀 제품규격 및 시험결과 보고서

2) 적용 분야에 따른 관련 설계도서

3) 제품 샘플

2.1.1.5 품질 보증 관련 자료

1) 제조회사 자격 : ISO 9002에 의해 인준된 품질관리 시스템

2) 시공 적정성 자료

(1) 상술된 제품의 시공 경험 유무

(2) 상술 제품의 시공에 대한 고용자 교육

3) 제조회사 현장 대리인 자격

(1) 상술 제품에 대한 시공 경험 유무

4) 사전 회의 : 계약당사자, 엔지니어, 시공자 및 제조/납품 회사 담당자들이 시공 전 사전 회의를 통해, 공사진행계획에 따른 품질관리계획을 확인한다.

2.1.1.6 납품, 보관 그리고 취급

1) 납품 : 제조회사가 정확히 명기된 제품을 납품한다.

2) 보관

(1) 제조회사의 기준에 따라 제품을 보관

(2) 직사광선을 피하여 보관

3) 취급 : 시공이나 취급 과정에서 손상되지 않게 취급 매뉴얼을 따르도록 한다.

2.1.2 지오셀 제품

2.1.2.1 제조회사

1) 지오셀 제조/납품 회사 정보

2.1.2.2 지오셀 규격

작성 가이드라인 : 모든 측정은 제조/납품 회사가 제시한 규격에 따라 수행하며, 그 평가 결과를 기술한다.

1) 원료(예시)

(1) 카본블랙이 첨가된 폴리에틸렌

가) 밀도, ASTM D 1505 : 0.935～0.965g/cm^3

나) 환경 응력 균열 저항(Environmental Stress Crack Resistance, ESCR), ASTM D 1693 : 2,000시간

다) UV 광안정 : 카본블랙

라) 카본블랙 함량 : 중량의 1.5～3.0%

마) 재료에 균일하게 분산됨

(2) HALS 등의 UV 안정화제가 첨가된 폴리에틸렌

가) 밀도, ASTM D 1505 : 0.935～0.965g/cm^3

나) 환경 응력 균열 저항(ESCR), ASTM D 1693 : 2,000시간

다) 색상 : 황갈색, 녹색 등

라) 착색제 : 비중금속 형태, 균일한 분산을 이룸

마) UV 광안정 : Hindered Amine Light Stabilizer(HALS)

바) HALS 함량 : 중량의 1.0%

(3) 재생원료 사용함량 : 00%

> **작성 가이드라인 :** 원료물질은 신재(Virgin)를 기준으로 하며, 재생원료(Recycled Resin)를 사용한 경우 사용함량을 표시하도록 한다.

2) 띠의 특성(예시)

> **작성 가이드라인 :** 셀벽을 구성하는 띠(Strip)의 형태적 특징에 대해 기술한다.

(1) 천공된 띠

가) 띠 두께 : 1.2mm - 5%, + 10%(표면 요철[Textured]처리 전의 두께)

나) 구멍 형성 여부 : 직경 10mm의 구멍을 형성

다) 구멍 간 수직 거리 : 구멍의 중심 사이가 19mm

라) 구멍 간 수평 거리 : 지그재그 형태로 구멍 중심 사이가 12mm

마) 띠 가장자리에서 최외곽 구멍까지의 거리 : 8mm

바) 띠 접합선에서 근접한 구멍까지의 거리 : 6mm

(2) 요철 형성된 띠

가) 띠 두께 : 1.2mm - 5%, + 10%(표면처리 전의 두께)

나) 요철 띠 두께 : 1.5mm ± 0.15mm

다) 요철 형상 : 다이아몬드 형태의 요철

라) 요철 밀도 : 22~31개/cm^2

(3) 매끄러운 표면의 띠

가) 띠 두께 : 1.2mm - 5%, + 10%(표면처리 전의 두께)

나) 띠면 특징 : 매끄러운 표면

(4) 지오셀 섹션의 제조(융착 접합)

가) 길이 3.35m의 폴리에틸렌 띠를 초음파 융착 접합하여 제조

나) 초음파 융착에 의해 균일한 간격으로 띠 전폭에 걸쳐 용융 접합

다) 띠의 길이 방향에 직각 방향으로 서로 엇갈린 위치에 접합하여 벌집형태 구성

라) 표준 셀의 접합 간격 : 330mm ± 2.5mm

마) 대형 셀의 접합 간격 : 660mm ± 2.5mm

바) 초음파 용융 접합부의 폭 : 25mm(최대)

3) 셀 특성(예시)

(1) 단위 셀 : 균일한 형태와 크기로 펼쳐짐

(2) 단위 셀 크기 : 표준 셀

가) 길이 : 203mm

나) 폭 : 244mm

다) 깊이 : 203, 152, 102, 76mm

(3) 단위 셀 크기 : 대형 셀

가) 길이 : 406mm

나) 폭 : 488mm

다) 깊이 : 203, 152, 102, 76mm

4) 지오셀의 역학적 특성(예시)

> **작성 가이드라인 :** 지오셀 셀벽을 형성하는 띠의 적용상태에서의 역학적 특성을 평가하고 그 값을 제시한다. 접점부에 대해서도 적용된 상태에서 시편을 채취하여 그 특성값을 제시한다. 지오셀을 구성하는 띠의 특징과 접합방식에 따라 세부 평가/시험규격이 차이를 보일 수 있으나 그 본래 목적은 동일하므로 동등의 규격을 준용하여 평가한다.

(1) 지오셀 띠 인장강도

가) KS K ISO 10319 광폭시험법에 기준하여 평가

나) 지오셀 깊이(높이)가 광폭시험의 기준보다 작은 경우에는 전폭에 대해 시험하고 그 결괏값을 22kN/100mm와 같이 전폭의 크기를 기준으로 값을 표시한다.

(2) 지오셀 접합강도

가) KS K ISO-13426-1에 따라 평가

나) 접합박리강도 및 접합전단강도는 제품의 품질관리에 주로 적용되며, 분할(Splitting) 시험 등이 지오셀의 허용인장강도 결정을 위해 제시되어야 한다.

예시) 최소 접합(박리)강도 : (시험결괏값/지오셀 높이)

2,000N/200mm,

1,420N/150mm,

1,000N/100mm,

710N/75mm

표 2.1 지오셀의 제품 특성(예시)

<table>
<tr><th colspan="2">특성</th><th colspan="3">특성치</th><th>시험법</th></tr>
<tr><td rowspan="4">원료
물질</td><td>성분</td><td colspan="3">폴리에틸렌(밀도 0.935~0.965g/cm^3)</td><td>ASTM D 1505</td></tr>
<tr><td>색상</td><td>검정</td><td colspan="2">녹색, 황갈색</td><td>N/A</td></tr>
<tr><td>안정화제</td><td>카본블랙(1.5~3%)</td><td colspan="2">HALS(Hindered Amine Light Stabilizer, 1.0%)</td><td>N/A</td></tr>
<tr><td>최소
ESCR</td><td colspan="3">2,000시간 이상</td><td>ASTM D 1693</td></tr>
<tr><td rowspan="2">스트립
특성</td><td>시트 두께</td><td colspan="3">1.20mm 이상</td><td>ASTM D 5199</td></tr>
<tr><td>시트
표면처리</td><td colspan="4">- 시트 표면에 엠보싱 처리 여부
- 격자구조(다공성) 띠 적용 여부
- 기타 제조사 특징에 따라 기술</td></tr>
<tr><td rowspan="4">셀 및
접합
특성</td><td>셀 형식</td><td>셀 높이(mm)</td><td colspan="3">셀 크기(mm)</td></tr>
<tr><td>옹벽셀</td><td>100, 150, 200</td><td colspan="3">224×259</td></tr>
<tr><td>표준셀</td><td>100, 150, 200</td><td colspan="3">287×320</td></tr>
<tr><td>대형셀</td><td>100, 150, 200</td><td colspan="3">475×508</td></tr>
<tr><td rowspan="3">기계적
특성</td><td>접점
박리강도</td><td>KS K ISO 13426-1</td><td colspan="3">1000N/100mm 이상</td></tr>
<tr><td rowspan="2">띠
인장강도</td><td>ASTM D 638</td><td colspan="3">25kN/m</td></tr>
<tr><td>KS K ISO 10319</td><td colspan="3">25kN/m</td></tr>
<tr><td rowspan="5">섹션
특성</td><td colspan="2" rowspan="2">섹션 폭(m)</td><td colspan="3">섹션 길이(m)</td></tr>
<tr><td>최소</td><td colspan="2">최대</td></tr>
<tr><td colspan="2" rowspan="3">2.3~2.8</td><td>3.7</td><td colspan="2">8.3</td></tr>
<tr><td>4.7</td><td colspan="2">10.7</td></tr>
<tr><td>7.7</td><td colspan="2">17.8</td></tr>
</table>

2.1.2.3 보강로프(사용하는 경우)(예시)

작성 가이드라인 : 보강로프를 사용하는 경우 관련 내용을 기술한다.

1) 보강로프 적용 지오셀 섹션

(1) 셀에 형성된 보강로프 관통 구멍을 통해 보강로프가 삽입됨

(2) 지오셀이 펼쳐지는 방향으로 보강로프를 관통시켜 펼침

(3) 보강로프 삽입 구멍 직경 : 10mm

(4) 구멍 위치 : 보강로프의 설계에 따라 선택

2) 보강로프

(1) 코팅된 보강로프 : (로프의 형식과 특징에 대해 간단히 기술한다.)

가) 재료 : 고강도 산업용 폴리에스테르 필라멘트

나) 질량 : 12kg/1,000m

다) 신도 : 약 450kg/10%

라) 코팅 : 저밀도 폴리에틸렌으로 0.4∼0.6mm의 두께로 코팅

(2) 비코팅 보강로프 : (로프의 형식과 특징에 대해 간단히 기술한다.)

가) 재료 : 고강도 산업용 폴리에스테르 필라멘트

나) 신도 : 9∼15%(파단 시)

3) 보강로프 연결 핀 : 보강로프에 지오셀을 연결/고정하는 핀

2.1.2.4 고정장치(예시)

> **설명서 작성자 주의사항** : 필요한 고정장치 및 부속 자재를 기술하고 그 외의 것은 생략한다. 아연도금 강철 말뚝의 선택 여부를 결정하고 나무 말뚝의 데이터를 제시한다.

1) 강철 J형 핀

(1) 재료 : 강철봉

(2) 아연도금 : AASHTO M 218에 의거

(3) 고리 : 최소 반경으로 180°로 구부린 고리 형성

(4) 강봉 직경 : 8, 10, 12, 16, 20mm

(5) 말뚝 길이 : 도면에 제시한 길이

2) 곧은 강철 말뚝

(1) 재료 : 강철봉

(2) 아연도금 : AASHTO M 218에 의거

(3) 강봉 직경 : 8, 10, 12, 16, 20mm

(4) 말뚝 길이 : 도면에 제시한 길이

3) 목재 말뚝

(1) 목재 형태 : 설계도서 제시

(2) 단면 : 원형 또는 사각형

(3) 길이 : 도면에 제시한 길이

2.1.2.5 관련 자재 및 지오신세틱스(예시)

작성 가이드라인 : 적용 분야에 필요한 부자재 및 관련 자재를 기술한다.

1) 지오텍스타일 : AASHTO M 288 참고

2) 배수용 지오콤포지트 : 설계도서에 제시

3) 지오그리드와 지오텍스타일 보강재 : 설계도서에 제시

2.1.2.6 지오셀 속채움재(예시)

> **작성 가이드라인 :** 적용 분야에 따라 설계도서에 포함된 속채움재와 그 기준을 기술한다. 기타 요구사항의 범위 등도 함께 기술한다.

1) 다음 항목 중 하나 또는 둘 이상의 조합으로 설계도서에 따라 속채움을 실시한다.
   (1) 모래
   (2) 자갈과 쇄석 또는 굵은 골재(침식방지공에는 최대입경이 75mm, 기층보강공에는 최대입경이 65mm, 토류구조물 범주 안의 옹벽, 보강사면에는 최대입경이 50mm 이하로 제한)
   (3) 콘크리트와 소일시멘트 혼합재
   (4) 점토, 실트 그리고 유기질토는 기층보강, 수리구조물 그리고 토류구조물에서는 속채움재로 적용될 수 없음
   (5) 토류구조물의 경우, 지오셀 섹션의 가장 바깥 셀의 속채움은 식생 가능한 채움재, 자갈 또는 현장 타설 콘크리트 등이 가능함
   (6) 사면보호와 침식방지 구조물의 경우, 속채움 후 외부 물질의 유입을 막기 위해 표토를 포설

2.1.2.7 표면처리(예시)

> **작성 가이드라인 :** 지오셀 적용 시스템의 표면처리 방법에 대해 기술한다.

1) 필요에 따라 표면처리는 아래의 항목 중 하나 또는 둘 이상의 조합으로 이루어진다.
   (1) 식생
   (2) 자연분해되는 덮개
   (3) 유화제와 고결제
   (4) 표면 그라우팅

2.1.3 시공

2.1.3.1 사전 확인사항

현장 준비 및 조건이 설계도서와 같게 준비되었는지 확인한다. 만약 같지 않으면 감독관에게 통보하여 조치하도록 한다. 불합리한 조건이 해소되기 전까지는 작업을 실시하면 안 된다.

2.1.3.2 토류구조물의 시공

지반고르기를 실시하고 감독기관의 지시에 따라 시공한다.

1) 지반고르기

(1) 도면에 제시된 바와 같이 지반 경사, 깊이 그리고 크기에 맞게 터파기나 되메움을 실시한다.

(2) 다짐장비로 다진 후 지반에 요구되는 최소강도를 갖는지 평가, 확인한다. 만약 조건이 적합하지 않으면, 해당되는 면적의 불량토를 양질의 토사로 교체 후 다짐을 실시하여 기준에 맞추도록 한다.

(3) 필요한 경우, 준비된 지반에 지오텍스타일을 포설한다. 이때 지오텍스타일이 30cm 이상 충분히 겹쳐졌는지, 가장자리는 150mm 이상 지반에 묻혀 있는지 확인한다.

2) 기초 시공

(1) 입상재료로 기초층을 형성한다. 만약 필요하다면, 부직포 지오텍스타일로 기초층을 감싼다. 최대건조밀도(KS F 2312의 D, E 방법)의 95%가 되도록 다진다.

(2) 기초용 지오셀 섹션을 펼쳐 펼침용 보조틀에 끼운 후 시공 위치에 놓는다.

(3) 지오셀 섹션에 속채움을 행한다. 이때 최대입경은 50mm을 넘어서는 안 되며, 여성토는 지오셀 셀 높이보다 약 50mm 높게 한다.

(4) 속채움 흙을 최대건조밀도(KS F 2312의 A, B 방법)의 90% 이상이 되게 다진다.

(5) 지오셀 섹션 이외의 기초 부분에서도 최대건조밀도(KS F 2312의 D, E 방법)의 95%

가 되도록 다진다.

(6) 다짐 후 여분의 흙은 제거하여 지오셀의 높이와 속채움 높이를 같게 한다.

3) 배수 시스템 시공

(1) 도면에 제시된 바와 같이 부직포로 감싼 유공관을 포설하거나 깨끗한 자갈로 뒤채움하여 배수 시스템을 시공한다. 이때 배수 방향으로 최소 1%의 기울기를 유지하도록 한다. 유공관을 T형 배수구에 연결한다. 연결 부위는 부직포 지오텍스타일로 감싸서 배수 시스템 부위 토사의 유실을 막는다. 배수구를 최종 배수 시스템에 연결한다. 배수구 부근에서 누수에 의한 침식이 일어나지 않는지 파악하고 배수 시스템 주위를 잘 다진다.

(2) 만약 규정되어 있다면, 지오텍스타일을 기초면에서 터파기한 경사면을 따라 포설하고 핀으로 고정한다. 각 지오텍스타일이 최소 0.3m 이상 겹쳐지게 해야 한다. 배수용 지오콤포지트가 규정되어 있다면, 각 시트나 띠를 연속적으로 완전히 지오텍스타일로 감싸 양호한 배수가 이루어져야 한다.

4) 지오셀 전면벽체의 시공

(1) 도면에 제시된 지오셀 섹션을 펼쳐 시공 위치에 놓는다. 각 섹션을 펼침용 보조기구로 펼쳐서 설치 위치에 놓는다. 이때 각 지오셀 섹션이 균일하게 펼쳐졌는지, 지오셀 섹션의 최외각 셀이 곧게 펼쳐졌는지 등을 확인한다. 벽면의 기울기에 따라 각 지오셀 섹션의 간격(벌리거나 겹치는 정도)을 조절한다. 각 지오셀 셀의 상단이 같은 높이를 이루게 연결되어야 한다.

(2) 입상재료로 속채움하고 지오셀 셀의 높이보다 약 50mm 높게 여성토한다.

(3) 속채움재와 뒤채움재를 최대건조밀도(KS F 2312의 A, B 방법)의 90% 이상이 되게 다진 후, 여분의 흙은 지오셀의 높이와 맞게 제거한다.

(4) 이어지는 상단은 전면 기울기에 맞게 물려쌓기를 실시한다. 속채움 과정과 동시에 뒤채움도 실시한다. 지오셀 섹션 배면에 최대 성토 높이를 250mm로 하여 뒷채움을

실시한다.

(5) 다음 층을 같은 방법으로 시공한다.

(6) 수직 옹벽인 경우 전면 쪽 셀 부분에 다음 층을 시공하기 전에 부직포 지오텍스타일을 깔아 속채움재의 유실을 막는다.

(7) 지오셀 섹션의 노출 셀에 특별히 규정된 속채움재가 사용되는 경우, 시공 전 감독관의 지시를 받아야 한다. 이러한 특별한 속채움은 아래와 같으나 제한되어 있지는 않다.

가) 각 셀 속채움재의 유실을 막기 위해 제거 가능한 임시 판자를 노출 셀 하부에 놓은 후 규정된 속채움을 실시한다.

나) 노출 셀의 내성에 따라 약간의 유실은 허용된다. 또한 여러 층의 노출 층에 대한 속채움을 동시에 실시하여 하나의 작업 과정을 실시할 수 있다.

5) 보강재 포설 및 뒤채움

(1) 각 지오셀 섹션 사이에 토목섬유 보강재(지오텍스타일이나 지오그리드)를 포설하고 배면의 보강영역으로 충분히 펼친다.

(2) 설계 길이에 맞게 절단된 보강재를 도면에 제시한 방법으로 배열한다. 보강재는 고강도를 나타내는 축이 벽면 선형에 직각 방향으로 포설되도록 한다. 보강재의 끝단이 지오셀 섹션과 150mm 이상 겹치게 포설한다.

(3) 4)항에 제시된 방법에 따라 다음 층의 지오셀 층을 시공한다.

(4) 지오셀 층이 형성되면 보강재를 배면 쪽으로 충분히 당겨 팽팽하게 시공한다. 필요하다면 핀으로 고정하여 보강재가 접히는 것을 방지한다. 보강재가 충분히 펼쳐지면 보강토 뒤채움을 실시한다.

(5) 보강재 위로 150mm 이상 성토되기 전까지 궤도장비의 진입은 허용되지 않는다. 타이어 장비도 보강재 위에서는 서행해야 하며, 급회전이나 급정지 등을 하여서는 안 된다.

(6) 뒤채움은 한 층에 250mm로 성토하고 최대건조밀도(KS F 2312의 D, E 방법)의 95%가 되도록 다져야 한다. 이때 보강재의 과도한 변형이 발생하지 않도록 주의한다. 뒤채움은 지오셀 섹션 쪽에서 배면 쪽으로 행하고 지오셀 셀의 높이와 같아지도

록 여분의 흙은 제거한다.

(7) 보강영역 배면에 대한 뒤채움 역시 250mm 높이에 최대건조밀도(KS F 2312의 D, E 방법)의 95% 이상이 되도록 다짐을 실시한다.

2.1.3.3 기층보강의 시공

설계도서에 따라 현장 준비를 실시한다.

1) 현장 준비

(1) 시공 도면에 제시된 경사, 깊이 그리고 크기와 같게 터파기를 실시한다.

(2) 프루프 롤링(Proof Rolling)이나 기존 방법에 의해 다진 후 지반의 최소강도에 부합하는지 확인한다. 만약 부적합 판정이 나올 경우, 해당 면적의 불량토를 양질의 토사로 대체한다.

2) 기초 시공

(1) 지반 흙과 속채움 사이의 분리가 필요한 때에는 지오텍스타일을 지반에 포설하고, 분리가 필요하지 않은 때에는 지오셀 섹션을 직접 지반 위에 포설한다.

(2) 도면에 제시된 크기의 지오셀을 펼쳐 펼침용 보조틀에 끼운 후 시공 위치에 놓는다. 그리고 J형 핀이나 유상 앵커로 지오셀 섹션을 지반에 고정한다.

(3) 이때 각 지오셀 섹션이 균일하게 펼쳐졌는지, 지오셀 섹션의 최외곽 셀이 곧게 펼쳐졌는지 등을 확인하다. 각 지오셀 셀 상단이 같은 높이를 이루게 연결되었는지 등을 확인한다.

(4) 지오셀 셀의 속채움은 최대입경이 65mm 이하인 입상재료로 실시하고 여성토는 지오셀 셀 높이보다 약 50mm 높게 실시한다. 장비가 지오셀 상부에서 작업할 때 지오셀 셀에 손상을 주지 않을 만큼 충분히 여성토되어야 한다.

(5) 최대건조밀도(KS F 2312의 A, B 방법)의 90%가 되게 충분히 다진다. 장비의 작업이 많은 위치에는 부가적인 여성토를 실시한다.

(6) 도면에 제시된 규정대로 다짐 후 높이와 경사를 형성한다.

3) 확대기초의 시공

(1) 입상재료를 포설하고 잘 다진다. 이때 필요한 경우 부직포 지오텍스타일로 입상재료를 감싼다. 다짐은 최대건조밀도(KS F 2312의 D, E 방법)의 95%가 되도록 실시한다.

(2) 지오셀 섹션을 펼쳐 포설 위치에 고정한다.

(3) 속채움을 실시하며 여성토는 지오셀 높이보다 50mm 정도 높게 실시한다.

(4) 최대건조밀도(KS F 2312의 A, B 방법)의 90% 이상이 되도록 다짐한다.

(5) 기초 섹션 이외의 부분에도 최대건조밀도(KS F 2312의 D, E 방법)의 95%가 되도록 다진다.

(6) 도면에 제시된 높이와 경사대로 확대기초의 높이와 경사를 형성한다.

2.1.3.4 사면보호 및 수로 사면보호의 시공

설계도서에 제시된 바와 같이 현장을 준비한다.

1) 현장 준비

(1) 시공 후 지오셀 섹션의 높이가 시공 도면의 높이와 같거나 또는 약간 낮은 상태가 되도록 터파기나 메우기를 실시한다.

(2) 준비된 지반에 부직포를 포설한다. 부직포는 150mm 정도 겹치게 포설한다.

2) 지오셀 포설 및 고정

(1) 사면 상부에 지오셀 섹션을 고정한다. 도면에 제시된 앵커나 감독관이 승인한 형태와 앵커 밀도에 따라 시공한다.

(2) 지오셀 섹션을 사면 하부 방향으로 펼친다. 이때 각 지오셀 섹션이 균일하게 펼쳐졌는지, 지오셀 섹션의 최외곽 셀이 곧게 펼쳐졌는지 등을 확인하다. 측면 벽의 기울기

에 따라 각 지오셀 섹션의 간격(벌리거나 겹치는 정도)을 조절한다. 각 지오셀 셀의 상단이 같은 높이를 이루게 연결되어야 한다. 앵커는 전술한 방법에 따라 전체 사면에서 실시한다.

3) 보강로프를 포함한 지오셀 섹션의 포설 및 고정

(1) 각 지오셀 섹션을 펼치기 전에 일정 길이로 미리 절단된 보강로프를 지오셀 섹션의 구멍에 끼운다. 보강로프의 끝부분에 매듭을 형성하여 보강로프가 지오셀 구멍을 통하여 빠져나오는 것을 방지한다. 또한 보강로프에 하중이 가해질 때 매듭이 풀리지 않게 단단히 매듭을 형성한다.

(2) 보강로프와 지오셀 섹션을 사면 상부에 고정한 후 지오셀을 사면 아래쪽으로 펼쳐 시공한다.

(3) 지오멤브레인이 사면에 포설된 때에는 사면 중간에 고정앵커를 사용하지 않는다. 이때 규정된 핀을 이용하여 보강로프를 지오셀 섹션과 연결하여 하중을 전이시킨다.

(4) 지오멤브레인이 사용되지 않고 사면 중간 부분에 앵커 작업이 허용된 때에는 전술한 앵커를 이용하여 고정 위치에서 보강로프에 고리를 형성하고 앵커를 삽입한 후 사면 지반에 앵커를 박아 고정한다.

4) 지오셀 속채움

(1) 적당한 속채움재를 지오셀 셀에 백호(Backhoe) 등과 같은 장비로 포설한다. 토사의 낙하 높이는 1m 이내로 제한되어야 하며, 사면 상부에서부터 속채움하여 지오셀의 변위를 방지한다. 속채움과 다짐은 셀 깊이에 따라 일관성 있게 아래와 같이 실시한다.

가) 지오셀의 높이보다 25mm 정도 더 높게 여성토한 후, 평판다짐기 또는 백호의 버킷 등으로 다짐하고 지오셀의 높이에 맞게 여분의 흙을 제거한다.

나) 설계도서에 규정된 대로 표면처리를 실시한다.

다) 수작업에 의한 다짐이나 현장 타설 콘크리트로 속채움한 후 셀 높이에 맞게 마무리한다.

2.2 성능 평가 및 시험규격

2.2.1 지오셀의 인장성능 평가

지오셀의 3D 벌집구조체에서 인장강도는 지오셀 셀벽의 인장강도와 접점강도로 결정된다. 지오셀 셀벽의 인장강도는 지오셀의 높이(두께), 지오셀을 구성하는 띠(Strip)의 원료, 형태, 두께, 표면 요철 여부, 천공 여부 등의 특징에 의해 결정되며, 접점부의 강도는 접점부의 특성과 지오셀의 설치 방식 등에 따라 결정된다. 지오셀의 허용인장강도를 결정하려면 지오셀 셀벽의 인장강도와 접점강도의 정확한 평가가 중요하다.

2.2.1.1 지오셀의 접점강도

지오셀이 사용되는 분야의 설치 방향과 이에 작용하는 하중의 관계에 따라 다양한 방식으로 지오셀 접점부에 하중이 작용한다. 그리고 작용하는 하중의 형태에 따라 접점부에서 발현되는 접점강도도 다르게 나타난다. 대표적으로 다음에 기술되는 네 가지 조합에 대해 지오셀 접점부의 강도를 평가하고 이를 설계 단계에서 지오셀의 허용인장강도나 품질관리의 기준으로 적용한다. 지오셀의 접점강도는 KS K ISO-13426-1의 기준에 따라 시험하고, 시험규격의 개략적인 내용은 다음과 같다.

1) 방법 A — 인장 전단시험(그림 2.1)

지오셀 섹션으로부터 잘라낸 'X'자 모양의 시험편에 대해, 그림 2.1과 같이 접점은 'X'자의 중앙을 형성한다. 'X'자의 왼쪽 상단 다리 부분과 오른쪽 하단 다리 부분을 접점에 근접하게 잘라낸다. 남은 두 다리 부분을 인장 시험기의 클램프에 장착, 고정한 후, 일정 변형속도로 시험하고 최대 인장 전단 힘을 측정한다.

2) 방법 B — 박리시험(그림 2.2)

지오셀 섹션으로부터 잘라낸 'X'자 모양의 시험편에 대해, 'X'자 상단의 두 다리 부분을 인장 시험기의 클램프에 장착하고 접점의 박리 파단이 발생할 때까지 일정 변형속도로

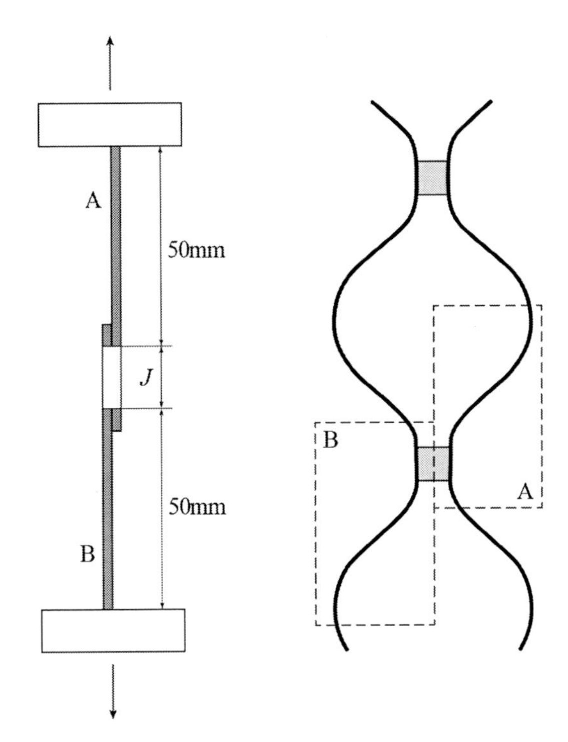

그림 2.1 지오셀 접점 인장 전단시험 개략도

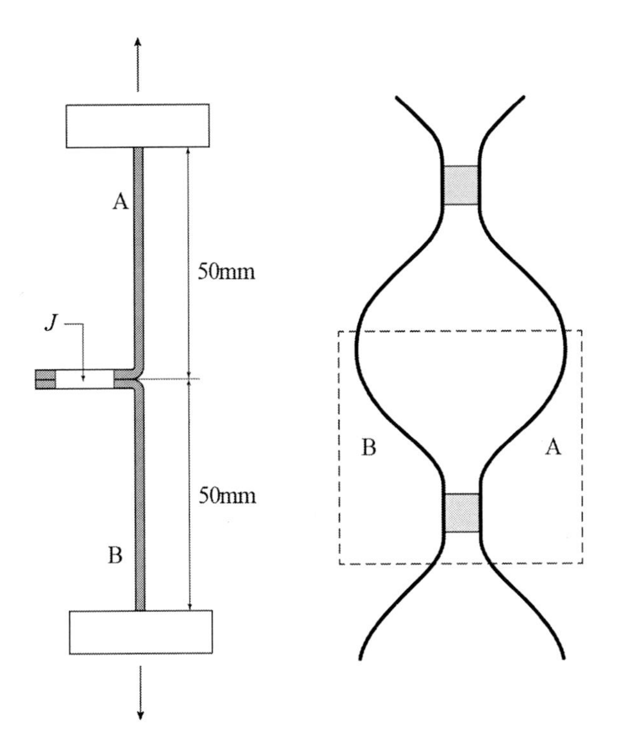

그림 2.2 지오셀 접점 박리시험의 개략도

시험한다. 최대 박리 힘을 측정하며, 비대칭 접점을 가지는 제품에 대해서는 상단 다리 부분과 하단 다리 부분으로 박리시험을 실행한다.

3) 방법 C1과 C2 — 분할(Splitting) 시험[그림 2.3a) 및 b)]

지오셀 섹션으로부터 잘라낸 X자 모양의 시험편에 대해, X자 왼쪽 다리 부분을 규정 거

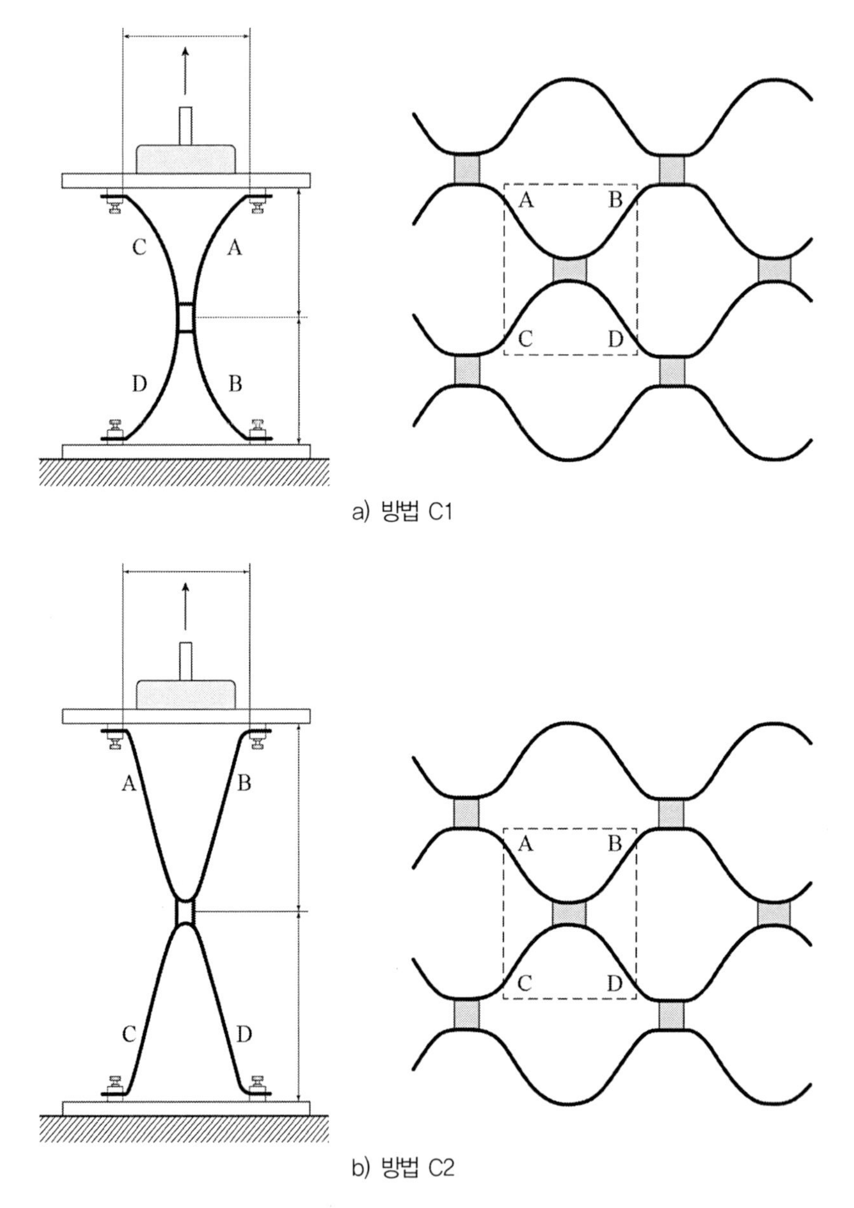

그림 2.3 지오셀 접점 분할시험의 개략도

리만큼 떨어져 다리 부분의 가장자리를 고정하는 특별한 클램프에 장착한다.

비고 1 오른쪽 다리 부분도 동일한 방법으로 장착한다. 이것은 사면경사의 등고선을 따라서 제품의 기계 방향이 평행하게 시공되었을 때 셀의 구멍(Aperture)을 모사한다.

비고 2 접힌 상태에서(Closed) 지오셀 스트립이 기계 방향으로 배향되는 제품의 경우, 방법 C1은 지오셀이 경사면의 등고선을 따라 제품의 기계 방향이 평행하게 시공되었을 때와 관련이 있다. 접힌 상태에서 지오셀 스트립이 폭 방향으로 배향되는 제품의 경우, 방법 C2는 지오셀이 경사면의 등고선을 따라 제품의 기계 방향이 평행하게 시공되었을 때와 관련이 있다.

시험편은 공칭 셀 크기(L_c, B_c)와 같은 셀 격자로 클램프에 파지하며, 느슨하지 않게 약간의 장력을 주어 장착한다. 두 클램프를 인장 시험기에 끼우고 일정한 변형속도로 접점의 분할 파단이 생길 때까지 시험한다.

4) 방법 D1과 D2 — 국소 과응력 시험(Local Overstressing Test)[그림 2.4a) 및 b)]

지오셀 섹션으로부터 잘라낸 'X'자 모양의 시험편에 대해, 시험편의 위아래 다리는 제조 방향으로 배향된 상태가 되도록 한다. 'X'자 상단의 다리 부분을 규정 거리만큼 떨어뜨려 유지할 수 있는 특별한 클램프에 장착한다. 아래의 다리 부분도 같은 방법으로 장착한다.

비고 1 이것은 시공되었을 때 셀의 구멍을 모사한다.

비고 2 접힌 상태에서 지오셀 스트립이 기계 방향으로 배향되는 제품의 경우, 방법 D1은 지오셀이 경사면의 등고선을 따라 제품의 기계 방향이 평행하게 시공되었을 때와 관련이 있다. 접힌 상태에서 지오셀 스트립이 폭 방향으로 배향되는 제품의 경우, 방법 D2는 지오셀이 경사면의 등고선을 따라 제품의 기계 방향이 평행하게 시공되었을 때와 관련이 있다.

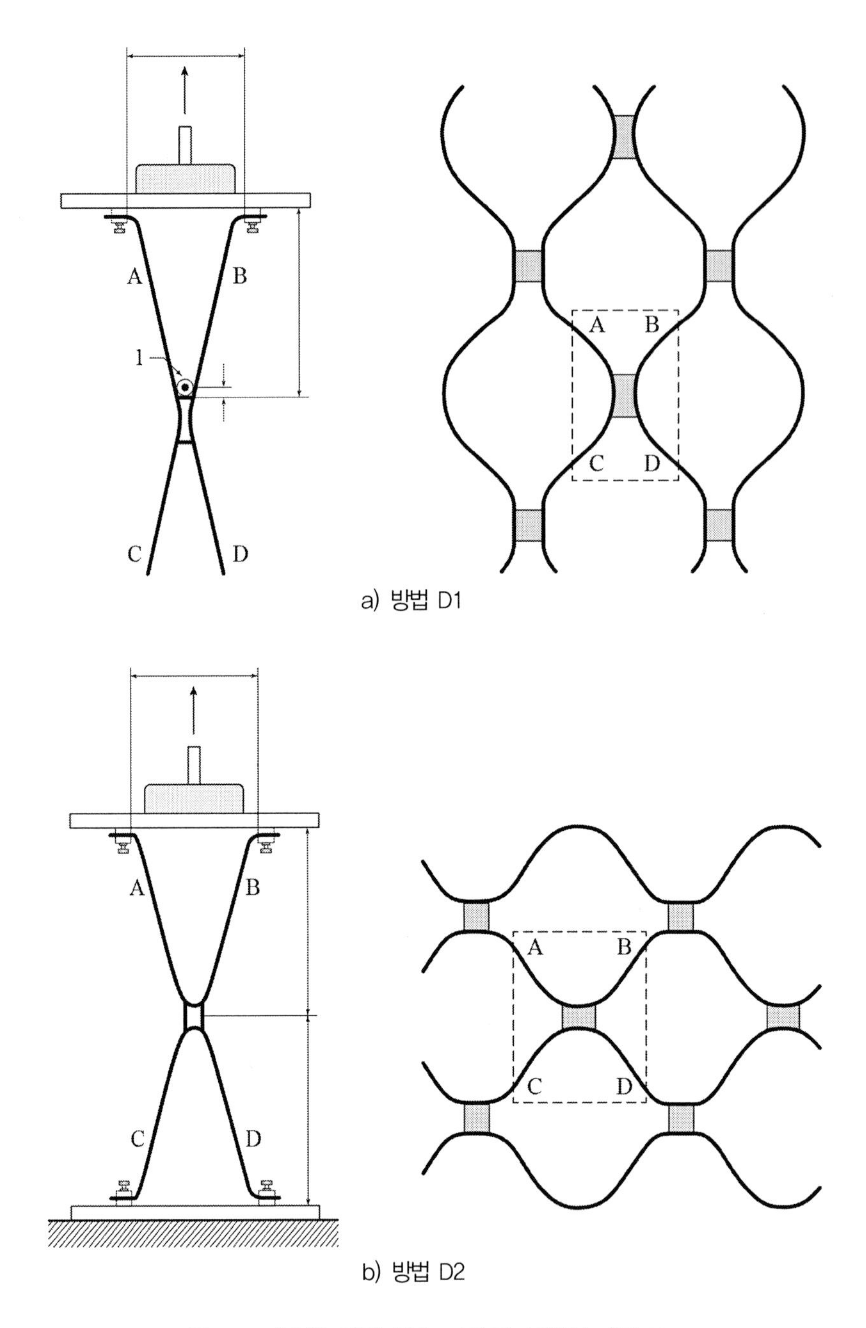

그림 2.4 지오셀 접점 국소 과응력 시험의 개략도

두 클램프를 인장 시험기에 장착한다. 매끄러운 강철봉(그림 2.4a)의 '1') 10mm 또는 실질적인 고정 시스템을 줄 수 있는 다른 방법으로 접점 위를 가로지르도록 하고 시험 장치 바닥에 고정시킨다. 시험편은 고정 시스템에 의한 접점의 소성변형에 기인해서 파

단이 생길 때까지 일정 변형속도로 시험한다. 최대 인장강도를 측정하고 기록한다. 지오셀의 기계 방향이 등고선을 따라 평행하게 시공되었을 때는 그림 2.4에서 보여 주는 것처럼 시험편을 클램프에 장착한다. 비대칭 접점을 가지는 제품에 대해서는 이동 클램프에 하단 다리 부분뿐만 아니라 상단 다리 부분도 장착하여 두 번 시험해야 한다.

5) 일반 사항

비대칭 접점의 경우, 시험 A, B, C, D는 접점의 양쪽에 대하여 모두 시험하고 그 최솟값을 기록해야 한다. 하중-변형 곡선에서 피크가 여러 개 나타나는 경우, 피크의 최댓값을 시험결과로 기록해야 한다.

(1) 방법 A — 인장 전단

인장 전단 강도(F_{ts})는 kN 단위로 기록되는 최대하중(유효숫자 3자리로 기록)이다.

비고 지오셀의 구조에 따라 인장 전단 강도는 기계 방향 또는 폭 방향에 대해서 명시될 수 있다.

(2) 방법 B — 박리

박리 강도(α_p)는 kN 단위로 기록되는 최대하중(유효숫자 3자리로 기록)이다.

비고 지오셀의 구조에 따라 박리 강도는 기계 방향 또는 폭 방향에 대해서 명시될 수 있다.

$$\alpha_p = F_p \times n_j$$

여기서, F_p : 시험에서 얻은 최대하중(kN)

n_j : 제조자의 권고에 따른 공칭 셀 크기(L_c, B_c)로 펼친 제품의 폭 1m 내 접점의 최소 개수

(3) 방법 C — 분할

분할 강도(F_{split})는 kN 단위로 기록되는 최대하중(유효숫자 3자리로 기록)이고 아래 식을 이용하여 계산한다.

$$F_{split} = F_{\max} \times n_j$$

여기서, $F_{\max}$: 기록된 최대하중(kN)(유효숫자 3자리로 기록)

(4) 방법 D — 국소 과응력

국소 과응력에 대한 힘(F_{lo})은 kN 단위로 기록되는 최대하중(유효숫자 3자리로 기록)이다.

$$\alpha_{lo} = F_{lo} \times n_j$$

여기서, F_{lo} : 시험에서 얻은 최대하중(kN)

2.2.1.2 지오셀 셀 스트립 인장강도

지오신세틱스의 기본적인 인장성능의 평가규격인 광폭스트립법(KS K ISO 10319)이 지오셀을 구성하는 스트립의 인장특성을 평가하는 데 적용되며, 지오셀을 구성하는 스트립의 특성(표면 요철처리 여부, 천공 여부, 원료, 제조방법, 구성방법 등)에 따라 크게 좌우된다. 시편의 폭은 지오셀의 높이에 따라 제품의 구성 상태를 그대로 반영하여 요구 시편 폭인 200mm를 만족하지 않아도 전폭에 대해 시험하는 것이 일반적이다.

KS K ISO 10319, ASTM D 4595, 4885, BS 6906 part 1, ISO 10319 등이 유사한 광폭의 시험편에 대해 인장특성을 시험하는 규격들이다. 폭 200mm인 시험편을 100mm의 클램프 간격으로 시험을 수행하는 방식이다.

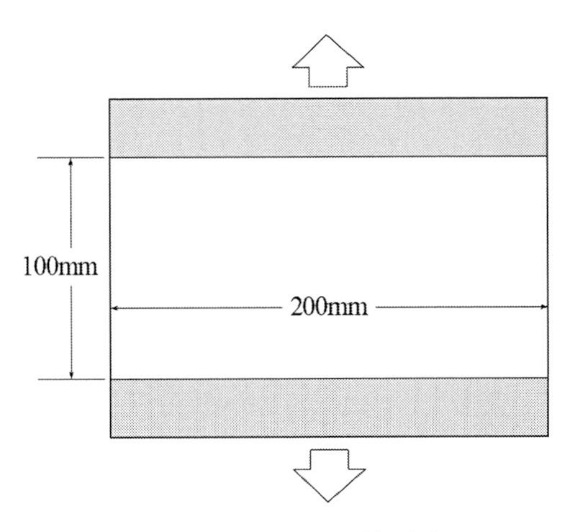

a) KS K ISO 10319 시험 개념도

b) KS K ISO 10319에 따른 지오셀 시험

그림 2.5 지오셀 셀의 스트립 인장 시험법

2.2.2 직접전단시험

지오셀의 마찰특성은 두 가지 관점에서 평가가 요구된다. 먼저 지오셀에 속채움재가 채워진 조건에서 하부 접촉하는 층과의 경계면에서 발생하는 전단특성이다. 그림 2.6과 같이 대형 직접전단시험 장치에 지오셀과 속채움을 실시하고 하부 접촉층을 조성하여 경계면에서의 전단거동을 평가하는 것이다. 두 번째로는 지오셀을 구성하는 셀벽의 마찰특성을 평가하는 방식이다. 셀벽을 구성하는 스트립의 특징(요철 여부, 천공 여부)과 채움재 사이의 마찰특성에 따라 적용 분야에서 고려하는 설계인자의 반영이 필요한 경우에 해당 조건에 대해 평가하여 결과를 인용하기도 한다.

일반적인 지반신소재의 전단특성을 평가하는 시험규격을 적용한다. 시험장치는 그림 2.6과 같이 접촉면이 일정한 전단상자와 수직 및 수평응력을 가할 수 있는 가압장치, 수평변위 및 전단응력을 측정할 수 있는 장치로 구성되어 있다. 수직응력이 전단상자 위에 가해지고 수직응력의 크기를 고정시킨 상태에서 수평응력을 가하여 전단시키며, 전단응력과 수직응력과의 관계는 다음과 같다.

$$\tau = c_a + \sigma_n \tan\delta$$

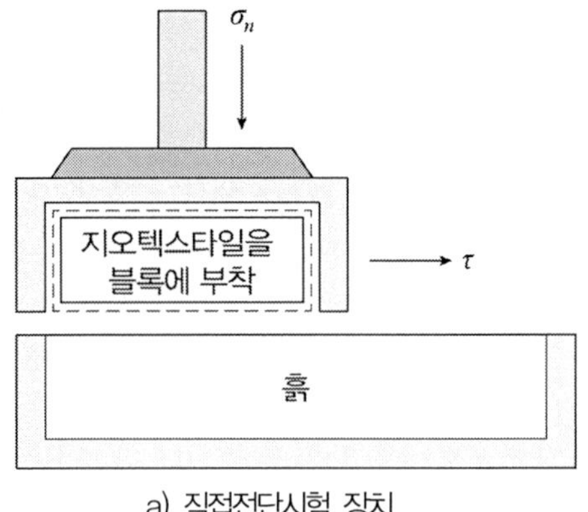

a) 직접전단시험 장치

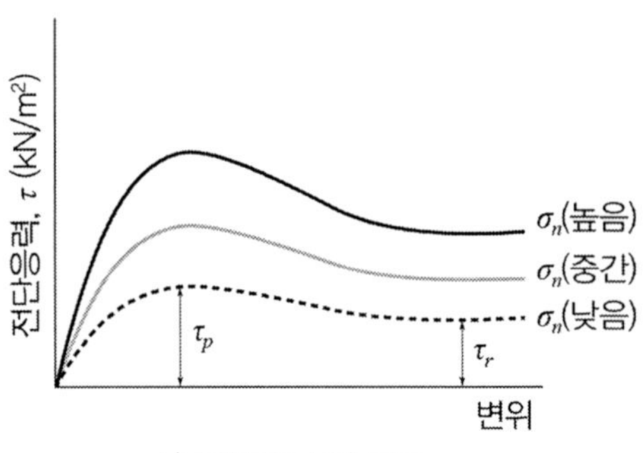

b) 직접전단시험 결과

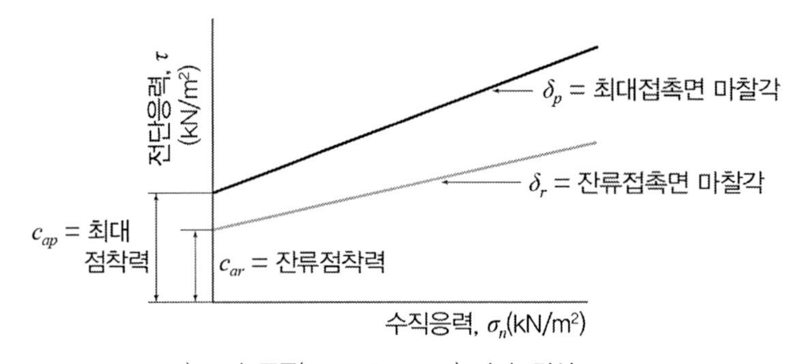

c) 모어-쿨롱(Mohr-Coulomb) 파괴포락선

그림 2.6 직접전단시험 장치 모식도 및 거동 곡선

여기서, τ : 전단응력(kN/m^2)

c_a : 점착력(kN/m^2)

σ_n : 전단면에 대한 유효수직하중(kN/m^2)

δ : 마찰각(°)

지오셀과 속채움재와의 직접전단시험에서 전단강도에 영향을 미치는 인자로는 흙의 입도분포 및 입자형상과 같은 공학적 특성과 지오셀의 형태, 구조적 특징 등 여러 가지가 있다. 따라서 직접전단시험은 접촉면에서의 마찰특성을 평가하기 위해 실제 현장에서 적용되는 모델에 기초하여 접촉면의 마찰력에 미치는 영향을 각 경계면에서의 최대 전단응력과 수직응력의 비를 통해 평가할 수 있다.

2.2.3 산화유도시간 평가

고분자 소재의 열 및 자외선에 의한 분해 정도를 확인하기 위한 산화유도시간(Oxidative Induction Time, OIT) 시험은 규정된 온도 및 규정 압력의 산소 조건에서 고분자 소재가 산화되어 분해되는 정도를 DSC를 사용하여 측정한다(그림 2.7 참조). 산화유도시간을 측정하는 방식에는 표준압방식과 고압방식이 있다.

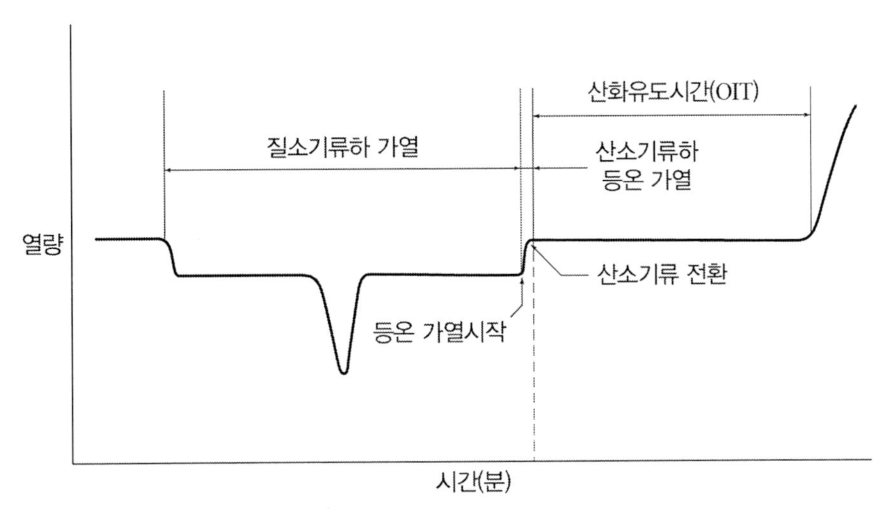

그림 2.7 표준가압 산화유도시간(Standard OIT) 측정 그래프

2.2.4 응력균열성능 평가(ESCR)

합성수지의 기능인 응력균열에 대한 기본적인 저항성을 평가하기 위해서 ASTM D 1693 "Bent Strop Test"가 적용되는데, 그림 2.8과 같이 시트상의 수지에서 채취한

직사각형 시험편 표면에 노치(Notch)를 인위적으로 형성시키고, 각 시험편을 180°로 구부려 작은 금속 채널의 플랜지 내에 고정한 후, 전체 어셈블리를 50°C로 유지되는 10% Igepal/90% 물로 조성된 용액에 담가 시험한다. 각 시험에서는 10개의 시험 표본을 평가하는데, 기계 방향에서 5개, 교차 기계 방향에서 5개 시험편을 채취하고, 시험기간 1,500시간 이내에 시험편의 파손 발생 여부를 평가한다.

Bent Strop Test는 수행이 매우 간단하지만 두 가지 주요 문제점이 있다. 첫 번째는 시험 진행 중 발생하는 응력완화로, 응력완화 속도는 재료와 두께에 따라 다르며 그 크기와 거동에 대해서는 완전히 알려지지 않았다. 단순히 장시간 시험을 실행하도록 요구한다고 해서 반드시 재료에 대한 시험이 더 어려워지는 것은 아니다.

또 다른 문제는 시험 절차의 성격과 관련이 있다. 시험은 실험실 직원에 의해 수시로 모니터링되는데, 시편이 1,500시간 이전에 파손되면 파손 시간을 알 수 없다. 다양한 재료의 응력균열저항(SCR)은 의미 있게 구별될 수 없으며, 따라서 정량적인 데이터를 제공할 수 있는 시험이 필요하다.

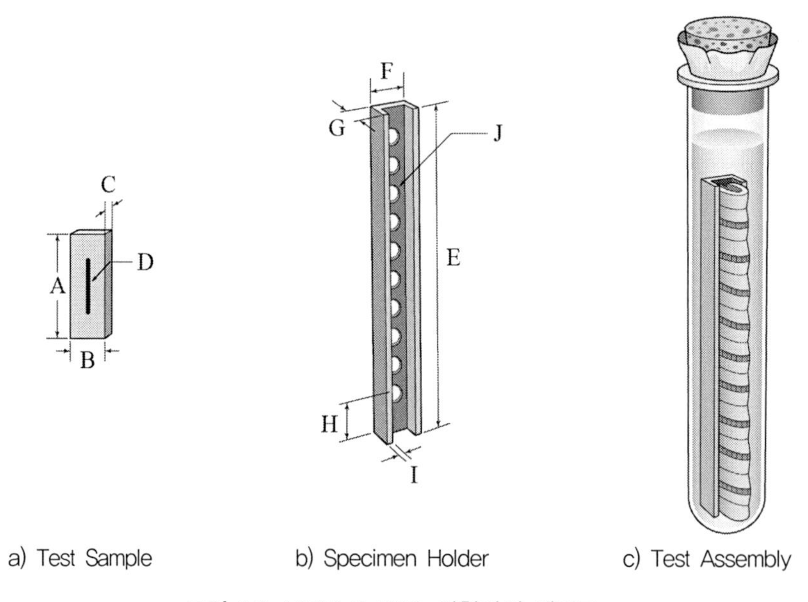

a) Test Sample b) Specimen Holder c) Test Assembly

그림 2.8 ASTM D 1693 시험장치 대표도

2.3 기타 관련 규격

2.3.1 단기 접합강도

- Presto사에서 제시하고 있는 규격으로 지오셀의 표준시험규격이 결정되기 이전부터 사용되던 시험규격
- 지오셀 제품에서 10개의 시험편을 채취
- 시험편은 융착접점이 중앙에 형성되고 양쪽으로 셀벽이 10cm 이상 붙어 있는 형태
- 시험편의 폭은 지오셀 깊이(높이)와 동일
- 인장시험장치에 파지한 후 분당 300mm/min 속도로 시험하여 결괏값을 기록

  예시) 지오셀의 시험편 높이에 따른 최소 권고 기준값

  200mm --- 2840N

  150mm --- 2130N

  100mm --- 1420N

  75mm --- 1060N

- 10개의 시험편 모두 제시된 기준값 이상을 보일 때 정상 제조된 제품으로 간주하고 1개라도 기준을 만족하지 못할 경우, 해당 로트는 불합격 처리

2.3.2 장기 접합강도

- Presto사에서 제시하고 있는 규격으로 지오셀의 표준시험규격이 결정되기 이전부터 사용되던 시험규격
- 지오셀 제조에 사용되는 원료의 로트가 바뀔 때마다 실시
  - a. 조건 : 온도가 1시간 간격으로 상온(20°C)에서 54°C로 조절되는 환경에서 최소 7일간 시험
  - b. 상온 : ASTM E 41
  - c. 시험편 : 융착접점이 중앙에 형성되고 양쪽으로 셀벽이 10cm 이상 붙어 있는 형태,

102mm 폭, 10개 시험편을 시험

d. 시험 : 카본블랙이 첨가된 띠의 경우 약 72.5kg의 하중을 부가하고, HALS가 첨가된 띠가 접합된 경우 약 63.5kg의 하중을 부가함

- 장기 접합강도 대체 시험 :
  a. 조건 : 상온(20°C)에서 최소 30일 처리
  b. 상온 : ASTM E 41
  c. 시료 : 102mm 폭의 접합 부분
  d. 시험 : 카본블랙이 첨가된 띠의 경우 약 72.5kg의 하중을 부가하고, HALS가 첨가된 띠가 접합된 경우 약 63.5kg의 하중을 부가함

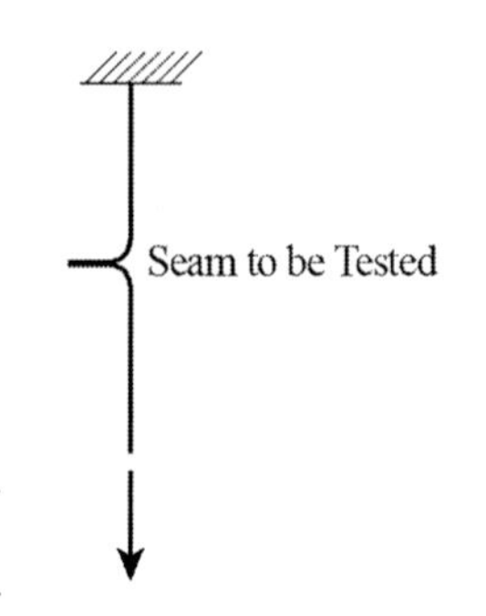

CHAPTER 03

지오셀 설계

CHAPTER
03 지오셀 설계

3.1 기층보강

3.1.1 개요

지오셀을 이용하면 입상토(Granular Soil) 지반의 전단강도를 현저하게 개선할 수 있다는 실험적 연구에 근거하여, 도로 기층보강을 위해 지오셀을 사용함으로써 노반에 사용되는 골재층의 두께를 줄일 수 있다. 비보강 상태에서 노반의 조성에 필요한 골재 표층의 두께와 지오셀을 함께 사용했을 때 골재 표층의 두께를 산출하여 비교함으로써 지오셀 보강층 적용의 타당함을 확인할 수 있다. 본 절에서는 이에 대한 반경험적 이론식 및 계산 절차를 소개하여 지오셀을 이용한 기층보강 설계에 필요한 기초자료를 제공하고자 한다.

3.1.2 설계조건 및 제한사항

지오셀을 도로 기층보강에 사용할 경우, 설계 윤(Wheel)하중의 유효직경은 지오셀 개별 셀의 공칭 직경과 같고, 가해진 하중조건에서 응력감소는 지오셀 벽을 통해 주변 영역으로 하중이 전이된다는 가정하에 적용된다. 또한 지오셀을 사용함으로써 감소되는 골재층의 두께는 사용된 지오셀의 높이의 2~2.5배 이상이 되어서는 안 된다.

3.1.3 설계인자 및 계산방법

3.1.3.1 설계인자

지오셀을 이용한 점성토 지반의 노반 보강을 위해서 다음과 같은 설계인자의 값이 선행적으로 확인 및 결정되어야 한다.

1) 지반의 강도정수

전단강도, c_u / 표준관입시험 값, N / CBR

2) 교통량

통행량이 적을 때, 1,000회 이하

통행량이 많을 때, 1,000회 ≤ 통행량 ≤ 10,000회

3) 설계 윤하중, P(kN)와 타이어 접지압, p(kPa)

4) 지오셀 속채움재의 내부마찰각, ϕ(°)

대략 30~40° 사이 값

5) 지오셀 셀벽과 속채움재 사이의 마찰각, δ(°)

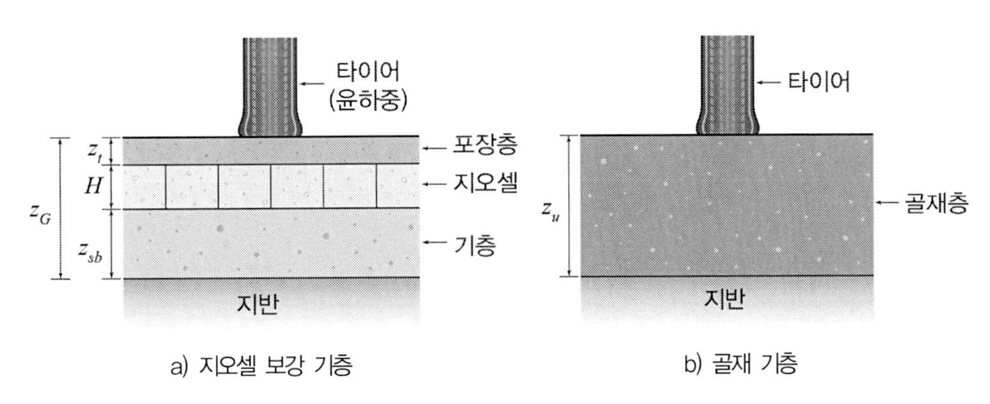

그림 3.1 지오셀 기층보강 모식도

표 3.1 지반 강도정수 값 및 상관관계

CBR (%)	c_u (kPa)	N (Blows/30cm)	현장 상태
0.4 이하	11.7 이하	2 이하	매우 연약 (쥐었을 때 손가락 사이로 흙이 빠져나오는 정도)
0.4~0.8	11.7~24.1	2~4	연약 (약한 손가락 힘으로 몰딩이 되는 정도)
0.8~1.6	24.1~47.6	4~8	중간 (강한 손가락 힘으로 몰딩이 되는 정도)
1.6~3.2	47.6~95.8	8~15	단단함 (엄지로 눌리긴 하지만 강한 힘이 요구되는 정도)
3.2~6.4	95.8~191	15~30	매우 단단함 (엄지손톱으로 눌리는 수준)
6.4 이상	191 이상	30 이상	견고 (엄지손톱이 들어가기 어려운 수준)

표 3.2 셀 속채움재 내부마찰각과 지오셀 벽면마찰각의 비($r=\delta/\phi$)

채움재 형식	지오셀 벽의 형식	마찰각 비($r=\delta/\phi$)
조립의 모래	매끈한 셀벽(사용하면 안 됨)	0.71
	요철 형성된 셀벽	0.88
	요철과 천공된 셀벽	0.90
세립의 모래	매끈한 셀벽(사용하면 안 됨)	0.78
	요철 형성된 셀벽	0.90
	요철과 천공된 셀벽	0.90
쇄석	매끈한 셀벽(사용하면 안 됨)	0.72
	요철 형성된 셀벽	0.72
	요철과 천공된 셀벽	0.83

3.1.3.2 설계절차

1) 지반(Subgrade)의 전단강도 결정

- 표 3.1을 참고하여 노반의 c_u 결정

2) 지반의 허용지지력, q_a 산정

$$q_a = N_c c_u \tag{1}$$

여기서, N_c : 지지력 계수

통행량이 많을 때 $N_c = 2.8$

통행량이 적을 때 $N_c = 3.3$

3) 설계 윤하중의 유효반경(R)

$$R = \sqrt{\frac{P}{p\pi}} \tag{2}$$

4) 지오셀이 없는 경우, 상부 입상토 표층의 두께 산정

원형 하중 하부의 주어진 심도에서 수직응력(σ_v)을 산출하는 Boussinesq 해법을 이용하여 지오셀이 없는 경우의 상부 골재포장 표층의 두께 산정

작용 반지름 R, 심도 z에 대하여,

$$\sigma_z = p\left[1 - \left(\frac{1}{1 + \left(\frac{R}{z}\right)^2}\right)^{3/2}\right] \tag{3}$$

비보강 조건에서 심도, z_u에 대해 정리하면,

$$z_u = \frac{R}{\sqrt{\frac{1}{\left(1 - \frac{q_a}{p}\right)^{0.67}} - 1}} \tag{4}$$

여기서, q_a : 비보강 시 지반의 허용지지력(kN/m^2)

국부전단 $N_c = 3.0$

통행량이 많을 때 $N_c = 2.8$

통행량이 적을 때 $N_c = 3.3$

5) 지오셀을 사용한 경우, 입상토 표층의 두께 산정

(1) 지오셀의 높이 결정

(2) 지오셀 섹션 상부면과 하부면에 작용하는 수직응력의 산정

$$\sigma_v = p\left[1-\left(\frac{1}{1+\left(\frac{R}{z}\right)^2}\right)^{3/2}\right] \tag{5}$$

지오셀 섹션 상부면에서의 수직응력, σ_{vt}은 $z = z_t$를 대입하고

지오셀 섹션 하부면에서의 수직응력, σ_{vb}은 $z = z_t + H$를 대입하여 산출

(3) 지오셀 섹션 상부면과 하부면에서 수평응력

$$\sigma_h = K_a \sigma_v \tag{6}$$

여기서, K_a : 주동토압계수$\left(= \tan^2\left(45^o - \frac{\phi}{2}\right)\right)$

지오셀 섹션 상부면에서의 수평응력, σ_{ht}과 하부면에서의 수평응력, σ_{hb}을 산정

(4) 지오셀 셀벽에 작용하는 평균 수평응력의 결정

$$\sigma_{avg} = \frac{(\sigma_{ht} + \sigma_{hb})}{2} \tag{7}$$

(5) 작용하중 하부의 지오셀(단위 셀) 중심영역에서 셀벽을 통해 하중전이에 의해 감소되는 응력, σ_r 의 산정

$$\sigma_r = 2\sigma_{avg} \tan\delta \left(\frac{H}{D}\right) \tag{8}$$

여기서, δ : 속채움재와 지오셀 벽면 사이의 마찰각(°)
H : 지오셀의 높이(깊이)(m)
D : 지오셀의 공칭 직경(m)

(6) 지반 상부의 지오셀 보강층의 설계허용지지력, q_G의 산정

$$q_G = q_a + \sigma_r \tag{9}$$

(7) 지오셀을 적용한 골재층의 두께, z_G의 산정

$$z_G = \frac{R}{\sqrt{\dfrac{1}{\left(1-\dfrac{q_G}{p}\right)^{0.67}} - 1}} \tag{10}$$

(8) 비보강상태에서의 골재층 두께와 지오셀을 사용했을 때 골재층 두께 비교

감소된 골재층 두께 $= z_u - z_G$

만약 $z_u - z_G > 2.5H$이면, $z_G = z_u - (2.5H)$

3.2 지오셀 토류구조물

3.2.1 개요

지오셀을 적층하여 쌓아 올리면, 지오셀 속채움재의 자중에 의하여 배면토압에 저항하는 토류구조물(Earth Retention Structures)을 형성할 수 있다(그림 3.2 참조).

3.2.2 지오셀 토류구조물의 응용

3.2.2.1 지오셀 벽면

지오셀 토류구조물은 한 종류의 지오셀을 적층하여 쌓아 올릴 수 있으며, 안정된 절취면의 표면보호 및 미관을 위한 지오셀 벽면(Fascia)으로 적용할 수 있다(그림 3.2a) 참조). 절취면의 높이가 높으면 지오셀과 절취면 사이의 채움재에 의한 토압이 커져서 지오셀만으로는 불안정할 수 있으며, 이러한 때에는 지오그리드와 같은 보강재를 사용하여 지오셀 벽면을 절취면에 정착시킬 수 있다(그림 3.2b) 참조).

3.2.2.2 지오셀 중력식 옹벽

토류구조물의 높이가 낮을 때, 적층된 지오셀만으로 배면토압에 저항하는 지오셀 중력식 옹벽으로 적용할 수 있다. 옹벽의 높이가 낮으면 한 종류의 지오셀만 적층하여 지오셀 중력식 옹벽을 구축할 수 있으며(그림 3.2a) 참조), 옹벽의 높이가 높아지면 배면토압이 커지므로 이에 저항하기 위해서는 지오셀의 길이(셀 수)를 증가시켜서 적용할 수 있다(그림 3.2c) 참조).

3.2.2.3 지오셀 보강토옹벽

토류구조물의 높이가 높으면, 적층된 지오셀만으로 배면토압에 저항하기 위해서는 지오셀의 폭이 과도하게 커지는 경향이 있으므로, 비경제적일 수 있다. 이러한 때에는, 지오셀을 전면벽체로 사용하고 지오셀 층과 층 사이에 지오그리드나 지오텍스타일과 같은 보강재를 포설하면, 보강재로 보강된 보강토체가 배면토압에 저항하는 지오셀 보강

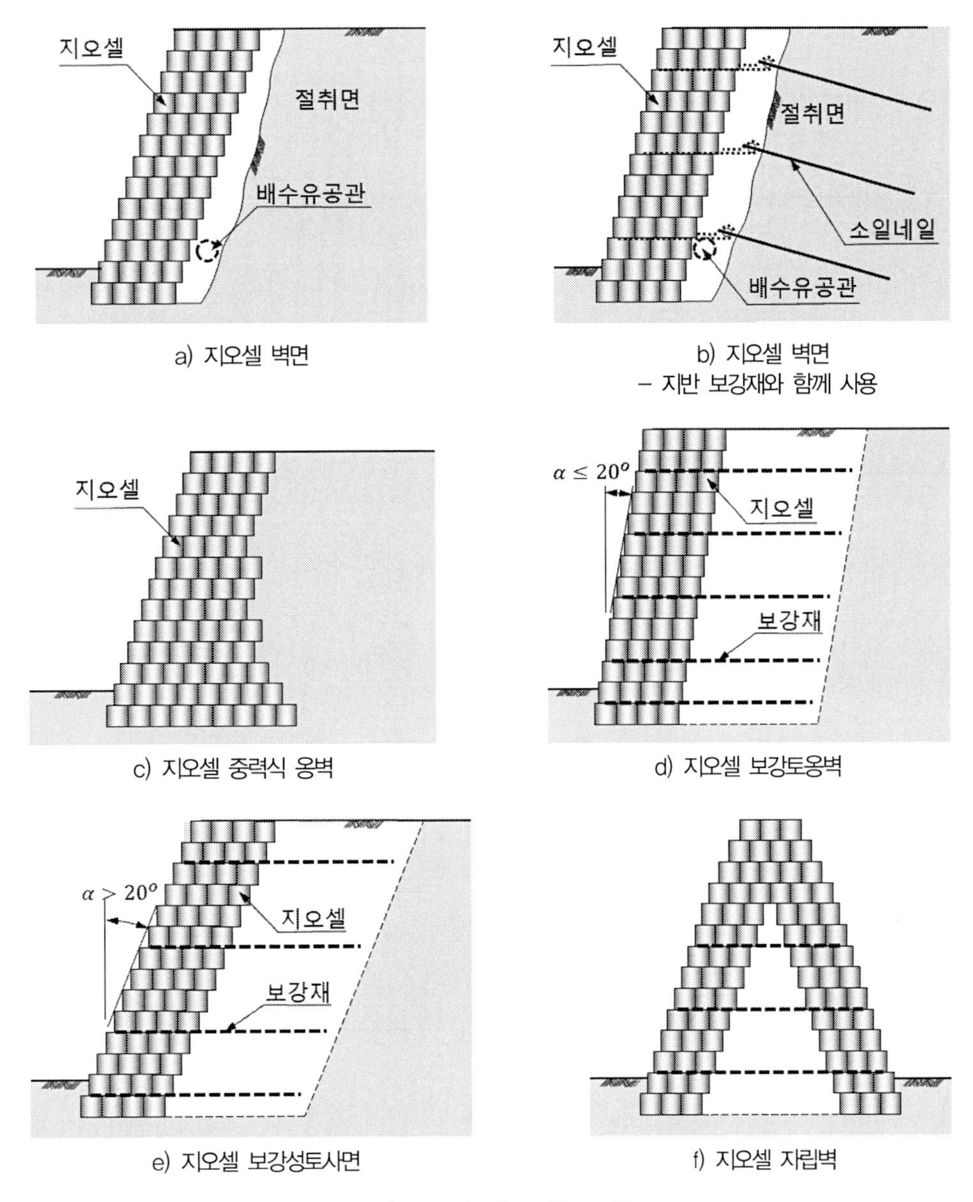

그림 3.2 지오셀 토류구조물

토옹벽을 구축할 수 있다(그림 3.2d) 참조).

지오셀 보강토옹벽은 일반적인 보강토옹벽의 전면벽체인 콘크리트 블록을 대신하여 지오셀을 사용하는 것으로, 연성인 지오셀의 특성으로 인하여 부등침하에 대한 내성이 큰 보강토옹벽을 구축할 수 있다.

3.2.2.4 지오셀 보강성토사면

일반적으로 보강토 토류구조물은 벽면경사에 따라 거동특성이 달라지며, 수직선으로부터 벽면경사가 20° 이내인 토류구조물은 보강토옹벽으로 취급하고, 벽면경사가 20° 이상인 토류구조물은 보강성토사면으로 취급한다(그림 3.2e) 참조).

3.2.2.5 지오셀 자립벽

지오셀은 3차원 지반보강재로 지오셀 자체가 속채움을 구속하여 국부적인 파괴를 방지할 수 있으므로, 지오셀 자체만 적층하여 쌓아 올리면 지오셀 자립벽을 형성할 수 있다(그림 3.2f) 참조). 지오셀 자립벽의 높이가 높으면 하단부 지오셀의 폭이 커져 비경제적일 수 있으며, 이러한 때에는 길이(셀 수)가 동일한 지오셀을 벽면으로 사용하고 뒤채움되는 성토재 속에 지오그리드와 같은 보강재를 삽입하면 좀 더 경제적인 지오셀 자립벽을 형성할 수 있다.

3.2.3 지오셀 토류구조물 적용기준

3.2.3.1 공통사항

(1) 각 층 지오셀의 폭은 최소 80cm 이상이어야 한다.

(2) 지오셀 속채움 재료는 토사, 자갈 또는 쇄석골재, 콘크리트 등 다양하게 적용할 수 있으며, 셀의 크기를 고려하여 최대입경은 50mm 이하로 제한한다.

(3) 지오셀 속채움의 다짐도는 최대건조밀도(KS F 2312의 A 또는 B 다짐)의 90% 이상이어야 한다.

(4) 지오셀 토류구조물의 기초패드(Leveling Pad)는 지오셀을 설치하기 위한 평탄한 면을 제공하는 것을 목적으로 한다. 기초지반이 점성토 지반이 아니라면, 지오셀 토류구조물은 별도로 기초패드를 설치할 필요가 없으며, 지오셀 토류구조물의 기초고에 맞춰 굴착한 기초지반을 다짐도가 최대건조밀도(KS F 2312의 D 또는 E 다짐)의 95% 이상이 되도록 다짐한 후 지오셀을 설치한다. 기초지반이 점성토 지반인 때에는 양질의 토사, 잡석, 콘크리트 등을 사용하여 기초패드를 설치할 수 있는데, 이때

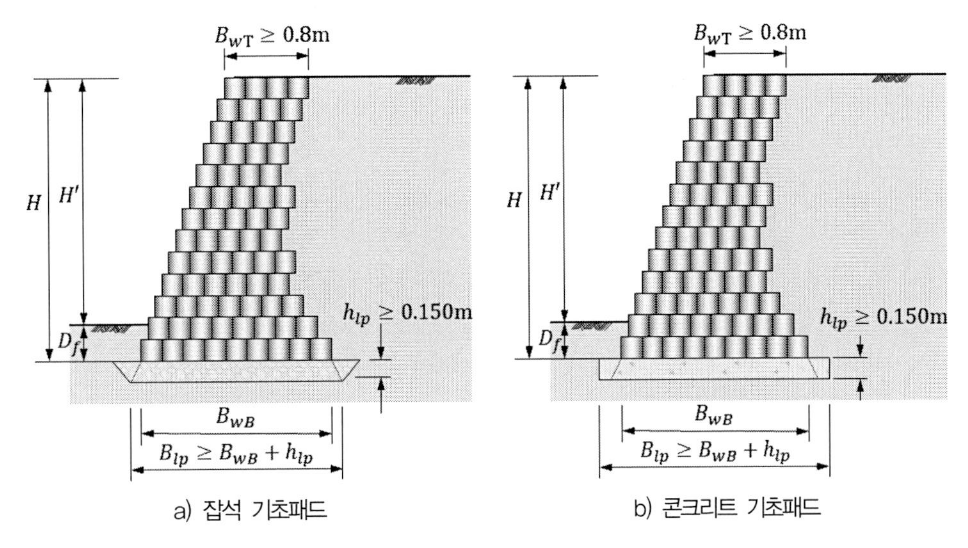

그림 3.3 지오셀 토류구조물의 기초패드

기초패드의 최소 두께는 0.15m 이상, 폭은 최하단 지오셀의 폭에 기초패드 두께의 2배를 더한 값 이상으로 한다. 잡석 기초패드의 경우 최대입경 150mm 이하의 잡석이 적절하게 혼합되어 있어야 하며, 콘크리트 기초의 압축강도는 16MPa 이상이어야 한다.

(5) 지오셀 토류구조물은 최소 0.3m 이상 근입시켜야 하며, 근입깊이(D_f)는 지지력, 침하 및 안정성을 위해서 필요한 깊이로 결정한다. 다만, 지오셀 토류구조물의 기초지반이 암반 또는 콘크리트와 같이 동상의 피해가 없는 지반일 때에는 근입시키지 않아도 되며, 동상의 피해를 받을 가능성이 있는 지반일 때에는 동결심도 이하로 근입시키거나, 동상의 영향을 받지 않는 재료로 치환하고 최소 근입깊이만큼 근입시켜야 한다. 지오셀 토류구조물이 사면(4H:1V보다 가파른 사면) 위에 설치되는 때에는 최소 0.6m 이상 근입시켜야 하며, 이때 지오셀 토류구조물 전면에 최소 1.2m 이상의 소단을 두어야 한다(그림 3.4b) 참조). 또한 지오셀 토류구조물 전면지반에 세굴 또는 향후 굴착의 가능성이 있는 때에는 세굴깊이 또는 굴착깊이로부터 0.6m 이상 근입시켜야 한다(AASHTO, 2020 준용).

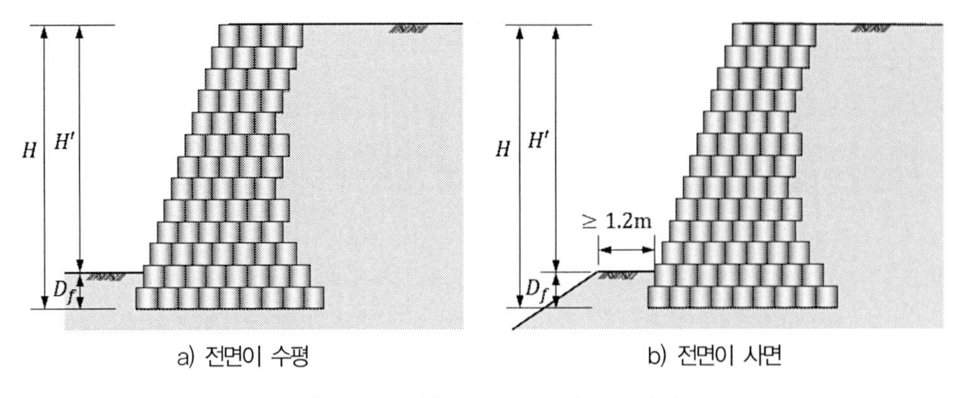

그림 3.4 지오셀 토류구조물의 근입깊이

(6) 지오셀 토류구조물 내부로 지표수, 지하수 등이 유입될 우려가 있는 경우에는 수압의 작용에 의한 피해를 방지할 수 있도록 KDS 11 80 10의 보강토옹벽의 배수시설 등을 참고하여 적절한 배수시설을 설치하여야 한다.

3.2.3.2 지오셀 중력식 옹벽 적용기준

(1) 지오셀 속채움의 다짐도는 최대건조밀도(KS F 2312의 A 또는 B 다짐)의 90% 이상이어야 한다.

(2) 지오셀 중력식 옹벽 위에 교통하중 등 일반적인 하중을 제외한 큰 하중(띠하중, 독립기초하중, 선하중 등)이 작용하는 때에는 옹벽 상단부에서 국부적인 상부전도(Crest Toppling)가 발생할 가능성이 있으므로, 지오셀 중력식 옹벽의 적용을 가급적 피한다. 다만, 그림 3.5b)에서와 같이 옹벽 상단부에 지오그리드와 같은 보강재로 보강하는 때에는 큰 상재하중(띠하중, 독립기초하중, 선하중 등)을 지지하기 위해서 지오셀 중력식 옹벽을 적용할 수 있다.

3.2.3.3 지오셀 보강토옹벽 적용기준

(1) 수직으로부터 벽면경사가 20° 이내로 수직에 가까운 경우를 지오셀 보강토옹벽이라 한다.

(2) 지오셀 보강토옹벽은 일반적인 보강토옹벽의 설계기준(예, KDS 11 80 10 보강토옹

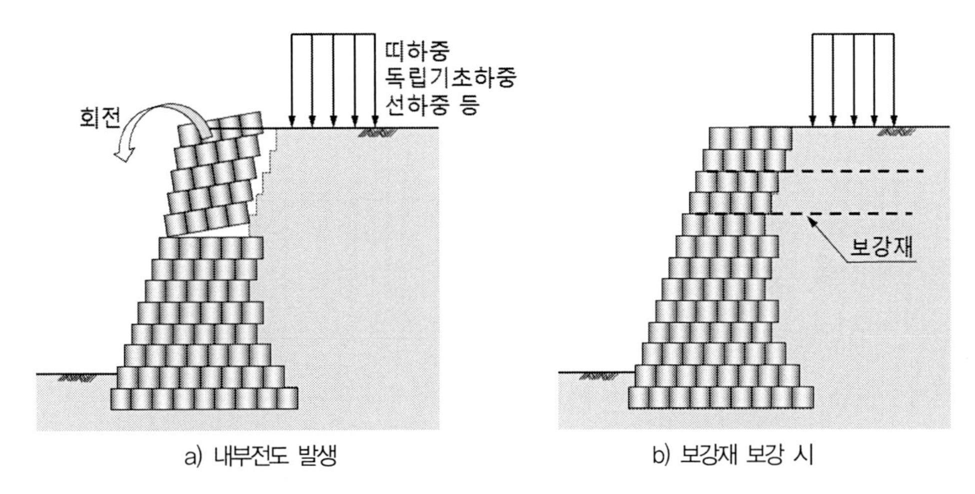

그림 3.5 큰 상재하중이 작용하는 경우의 지오셀 중력식 옹벽 보완 대책

벽, FHWA-NHI-00-043 등)을 적용할 수 있다.

(3) 보강재의 최대수직간격은 80cm 이내로 한다.

(4) 일반적인 블록식 보강토옹벽과 달리, 지오셀 보강토옹벽은 최상단 지오셀의 폭이 넓어서 상부전도에 의한 파괴의 가능성이 크지 않으므로 최상단 보강재의 설치 깊이는 0.5m 이내로 제한되지 않는다. 다만, 상단부 비보강 높이는 상부전도에 대한 안정성이 확보되어야 한다.

(5) 지오셀 보강토옹벽은 벽면경사가 있고, 시공 시 발생하는 지오셀 벽면의 변형이 지오셀 보강토옹벽의 외관 및 사용성에 미치는 영향이 크지 않으므로 지오셀 벽면 뒤에 자갈 필터층을 두지 않아도 된다.

3.2.3.4 지오셀 보강성토사면 적용기준

(1) 수직으로부터 벽면경사가 20° 이상인 경우를 지오셀 보강성토사면이라 한다.

(2) 보강재의 최대수직간격은 80cm 이내로 한다.

(3) 지오셀 보강성토사면은 최상단 지오셀의 폭이 넓어서 상부전도에 의한 파괴의 가능성이 크지 않으므로 최상단 보강재의 설치 깊이는 0.5m 이내로 제한되지 않는다. 다만, 상단부 비보강 높이는 상부전도에 대한 안정성이 확보되어야 한다.

(4) 지오셀 보강성토사면은 벽면경사가 있고, 시공 시 발생하는 지오셀 벽면의 변형이 지오셀 보강성토사면의 외관 및 사용성에 미치는 영향이 크지 않으므로 지오셀 벽면 뒤에 자갈 필터층을 두지 않아도 된다.

3.2.4 지오셀 토류구조물 설계

3.2.4.1 지오셀 중력식 옹벽의 설계

1) 지오셀 중력식 옹벽의 안정성 검토 항목 및 설계기준 안전율

지오셀 중력식 옹벽에서 발생가능한 파괴양상은 그림 3.6과 같이 지오셀 중력식 옹벽 저면을 따른 활동파괴(그림 3.6a) 참조), 지오셀 중력식 옹벽의 선단을 중심으로 한 전도파괴(그림 3.6b) 참조), 기초지반의 지지력 부족으로 인한 지지력파괴(그림 3.6c) 참조) 등이 발생할 수 있다. 또한 지오셀 중력식 옹벽의 배면과 저부를 통시에 통과하는 사면활동에 의한 파괴(그림 3.6d) 참조)가 발생할 가능성도 있다.

한편 지오셀 중력식 옹벽은 적층하여 쌓아 올린 지오셀의 자중에 의해 배면토압에 저항하므로, 지오셀 층과 층 사이가 취약한 면이 될 수 있어 지오셀 층을 따른 내부활동파괴(그림 3.6e) 참조)와 옹벽 내부에서의 내부전도파괴(그림 3.6f) 참조)가 발생할 가능성이 있다. 지오셀 중력식 옹벽의 안정성 검토는 외적안정성과 내적안정성으로 나누어 검토한다. 외적안정성 검토에서는 지오셀 중력식 옹벽을 일체로 된 구조물로 가정하여 일반 철근 콘크리트 옹벽과 마찬가지로 저면활동, 전도, 지반지지력에 대한 안정성 검토와 지오셀 중력식 옹벽을 포함하는 전체안정성 검토를 실시한다. 내적안정성 검토는 지

표 3.3 지오셀 중력식 옹벽의 설계기준 안전율

구분		평상시	지진 시	비고
외적안정성	저면활동	1.5	1.1	
	전도	2.0	1.5	
	지반지지력	2.5	2.0	
	전체안정성	1.5	1.1	
내적안정성	내부활동	1.5	1.1	
	내부전도	1.5	1.1	

오셀 중력식 옹벽이 일체로 작용할 수 있는지를 평가하는 것으로, 지오셀 층과 층 사이의 내부활동 및 내부전도에 대한 안정성을 검토한다.

이때 설계기준 안전율은 표 3.3과 같다.

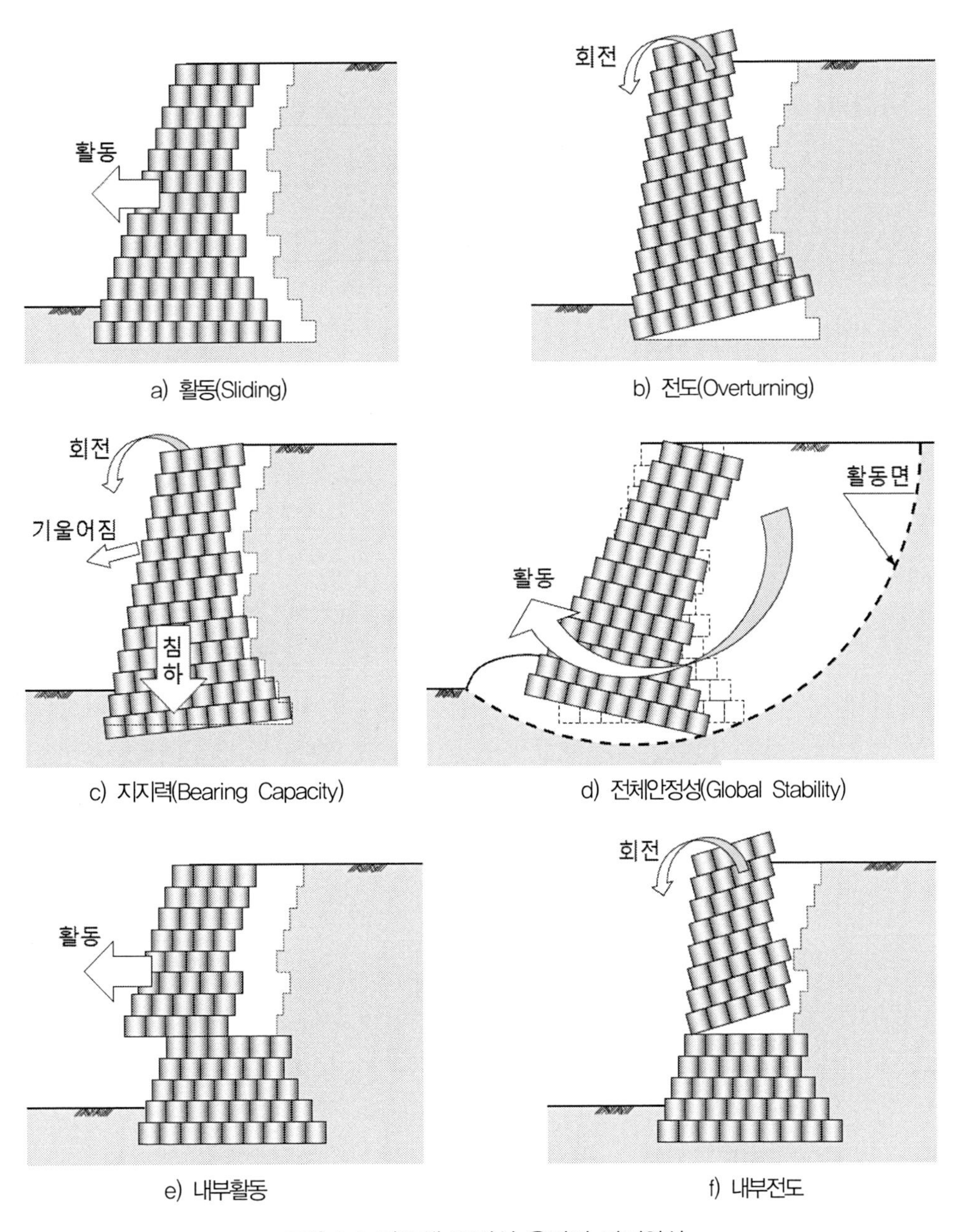

a) 활동(Sliding)

b) 전도(Overturning)

c) 지지력(Bearing Capacity)

d) 전체안정성(Global Stability)

e) 내부활동

f) 내부전도

그림 3.6 지오셀 중력식 옹벽의 파괴양상

(1) 지오셀 중력식 옹벽에 작용하는 하중

지오셀 중력식 옹벽에 작용하는 주요 하중은 속채움된 지오셀의 자중과 배면토압이다. 또한, 지오셀 중력식 옹벽 배면 성토체 상부에는 등분포하중(Distributed Load), 띠하중(Strip Load), 독립기초하중(Isolated Footing Load), 선하중(Line Load) 등의 상재하중이 작용할 수 있으나, 과도한 크기의 상재하중은 지오셀 중력식 옹벽의 안정성을 급격히 저하시킬 수 있다. 따라서 안정성 검토를 통하여 안정성이 확보되지 않는 한, 큰 상재하중이 작용하는 곳에서는 지오셀 중력식 옹벽의 적용을 가급적 피해야 한다.

(2) 배면토압

지오셀 중력식 옹벽에 작용하는 배면토압은 쿨롱(Coulomb)의 주동토압계수(K_a)를 사용하여 다음과 같이 계산한다.

$$F_T = P_a + P_q = \frac{1}{2}\gamma_b h^2 K_a + qhK_a \tag{11}$$

$$K_a = \frac{\cos^2(\phi_b + \alpha_b)}{\cos^2\alpha_b \cos(\alpha_b - \delta)\left[1 + \sqrt{\frac{\sin(\phi_b + \delta)\sin(\phi_b - \beta)}{\cos(\alpha_b - \delta)\cos(\alpha_b + \beta)}}\right]^2} \tag{12}$$

여기서, F_T : 옹벽 배면에 작용하는 배면토압의 합(kN/m)

P_a : 옹벽 배면의 흙쐐기에 의한 주동토압(kN/m)

P_q : 등분포 상재하중에 의한 주동토압(kN/m)

γ_b : 흙의 단위중량(kN/m^3)

h : 배면토압 작용높이(m)

K_a : 쿨롱의 주동토압계수

q : 등분포하중(kPa)

ϕ_b : 배면토의 내부마찰각(°)

α_b : 지오셀 중력식 옹벽 배면경사(수직으로부터 시계방향이 [+]임)(°)

δ : 벽면마찰각(°)

β : 상부사면경사각(°)

쿨롱의 주동토압계수 계산식에서 벽면경사각(α_b)은 지오셀 중력식 옹벽 배면의 경사각을 적용하며, 지오셀의 길이가 일정한 경우에는 벽면경사각(α)과 같다. 지오셀의 길이가 변할 때는 최하단 지오셀 바닥 뒤끝과 최상단 지오셀 상단 뒤끝을 연결한 선을 토압 작용면으로 가정한다(그림 3.7b) 참조).

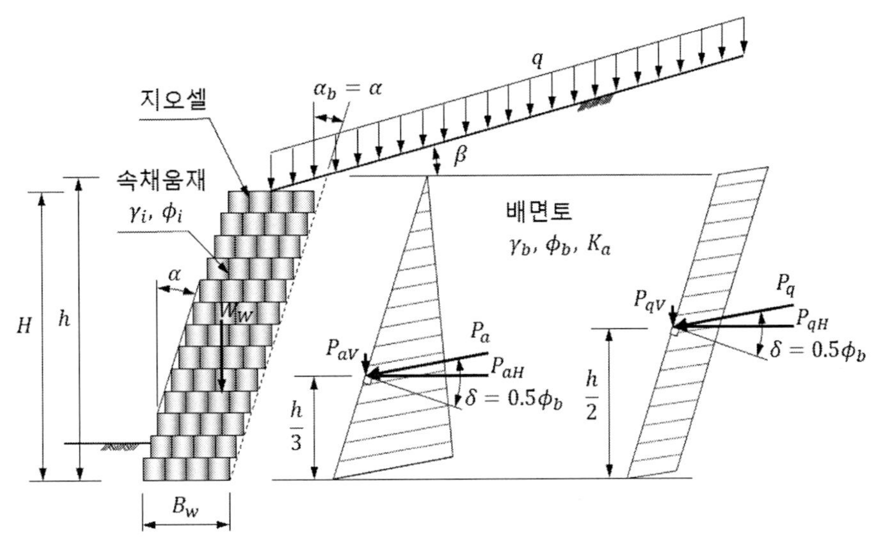

a) 지오셀의 길이가 일정한 경우

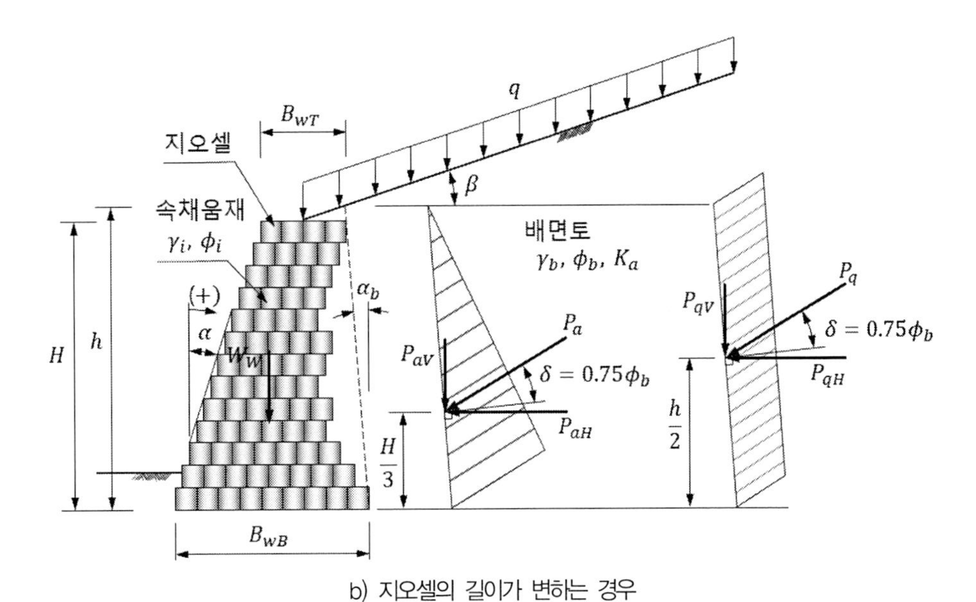

b) 지오셀의 길이가 변하는 경우

그림 3.7 지오셀 중력식 옹벽에 작용하는 토압

쿨롱의 주동토압계수 계산 시 벽면마찰각(δ)은 옹벽의 변형 방향과 크기 및 뒤채움재료의 특성에 따라 달라지며, 옹벽의 침하가 배면토의 침하보다 클 경우에는 “0”이다. AASHTO(2020)에 따르면 조립식 모듈형 옹벽(Prefabricated Modular Walls)의 배면에 작용하는 쿨롱의 주동토압계수를 계산할 때 벽면마찰각의 최댓값은 표 3.4와 같다. 따라서 지오셀 중력식 옹벽에 대해서도 벽면마찰각(δ)의 최댓값으로 표 3.4의 값을 적용한다.

표 3.4 벽면마찰각(δ)의 최댓값(AASHTO, 2020)

조건	벽면마찰각(δ)
옹벽의 침하량이 배면토보다 더 클 때	0
전면벽체의 길이가 일정할 때(그림 3.7a) 참조)	$0.50\phi_b$
전면벽체의 길이가 변할 때(그림 3.7b) 참조)	$0.75\phi_b$

지오셀 중력식 옹벽 상부의 사면이 무한하지 않으면 식 (12)의 주동토압계수(K_a)를 직접적으로 적용하기는 곤란하며, 그림 3.8a)와 같이 쿨롱의 토압이론에 의한 시행쐐기법(Trial Wedge Analysis)으로 배면토압을 계산할 수 있다(AASHTO, 2020).

계산의 편의를 위하여 성토사면의 길이가 보강토옹벽 높이의 2배가 안 되는 경우에는, 그림 3.8b)와 같이 지오셀 중력식 옹벽 상부를 가상의 무한사면으로 가정하여 주동토압계수를 계산할 수 있다. 이때 토압계수(K_a) 계산 시 식 (12)에서 사면경사각(β) 대신 가상무한사면의 경사각(i)을 사용한다.

(3) 상재하중

지오셀 중력식 옹벽의 배면 지반의 상부에는 등분포하중 외에도 띠하중(Strip Load), 독립기초하중(Isolated Footing Load), 선하중(Line Load) 등이 작용할 수 있으며, 이들에 대한 고려방법은 『KDS 11 80 10 : 2021 보강토옹벽 해설』([사]한국지반신소재학회, 2024)을 참고할 수 있다.

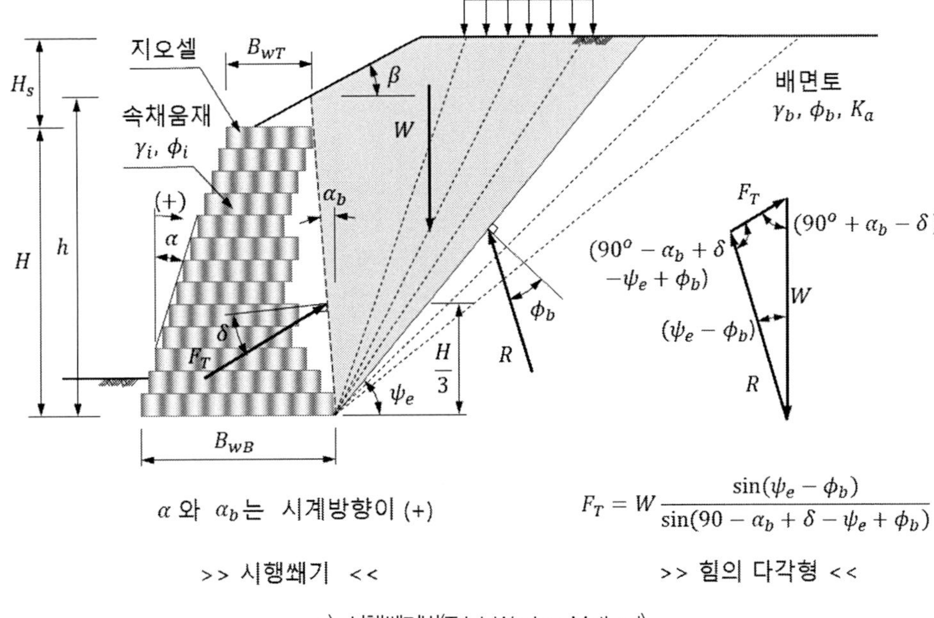

a) 시행쐐기법(Trial Wedge Method)

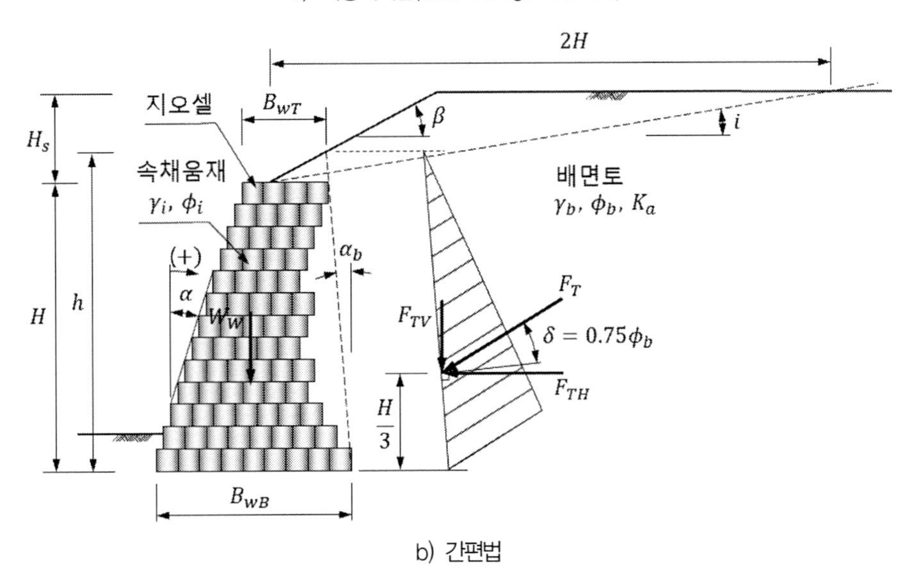

b) 간편법

그림 3.8 상부 성토가 무한하지 않은 경우의 배면토압 계산 방법

2) 외적안정성 검토

(1) 저면활동에 대한 안정성 검토

지오셀 중력식 옹벽의 저면활동에 대한 안정성은 다음과 같이 평가할 수 있다.

$$FS_{slid} = \frac{R_H}{P_H} \geq 1.5 \quad (13)$$

$$R_H = \min \begin{cases} c_i B_{wB} + \Sigma P_v \tan\phi_i \\ c_f B_{wB} + \Sigma P_v \tan\phi_f \end{cases} \quad (14)$$

$$\Sigma P_v = W_W + W_S + F_{TV} \quad (15)$$

$$W_W = W_{W(1)} + W_{W(2)} = \gamma_i H B_{wT} + \frac{1}{2}\gamma_i H (B_{wB} - B_{wT}) \quad (16)$$

$$W_S = \frac{1}{2}\gamma_b (h - H)(B_{wT} - A) \quad (17)$$

$$P_H = F_{TH} = P_{aH} + P_{qH} \quad (18)$$

$$F_{TH} = F_T \cos(\delta - \alpha_b) = (P_a + P_q)\cos(\delta - \alpha_b) \quad (19)$$

$$F_{TV} = F_T \sin(\delta - \alpha_b) = (P_a + P_q)\sin(\delta - \alpha_b) \quad (20)$$

여기서, FS_{slid} : 저면활동에 대한 안전율

P_H : 활동력(kN/m)

R_H : 지오셀 중력식 옹벽 저면의 저항력(kN/m)

c_i : 지오셀 속채움재의 점착력(kPa)

c_f : 기초지반의 점착력(kPa)

B_{wB} : 최하단 지오셀의 폭(m)

ΣP_v : 지오셀 중력식 옹벽 저면에 작용하는 수직력의 합(kN/m)
(그림 3.9의 빗금 친 부분의 자중 포함)

ϕ_i : 지오셀 속채움재의 내부마찰각(°)

ϕ_f : 기초지반의 내부마찰각(°)

W_W : 지오셀 중력식 옹벽의 자중($= W_{W(1)} + W_{W(2)}$)(kN/m)
(지오셀 배면의 가상배면까지의 무게 포함)

W_S : 지오셀 중력식 옹벽 상부의 성토하중(kN/m)

F_{TV} : 지오셀 중력식 옹벽의 배면토압의 수직성분(kN/m)

γ_i : 지오셀 속채움재의 단위중량(kN/m^3)

H : 지오셀 중력식 옹벽의 높이(m)

B_{wT} : 최상단 지오셀의 폭(m)

γ_b : 배면토의 단위중량(kN/m^3)

h : 지오셀 중력식 옹벽 배면토압 작용높이(m)

A : 옹벽 상부 소단의 길이(m)

F_{TH} : 지오셀 중력식 옹벽의 배면토압의 수평성분(kN/m)

P_{aH} : 옹벽 배면 흙쐐기에 의한 주동토압의 수평성분(kN/m)

P_{qH} : 상재하중에 의한 주동토압의 수평성분(kN/m)

F_T : 지오셀 중력식 옹벽의 배면토압(kN/m)

P_a : 옹벽 배면 흙쐐기에 의한 주동토압(kN/m)

P_q : 상재하중에 의한 주동토압(kN/m)

δ : 벽면마찰각(°)

α_b : 지오셀 중력식 옹벽의 배면경사(시계방향이 [+]임)(°)

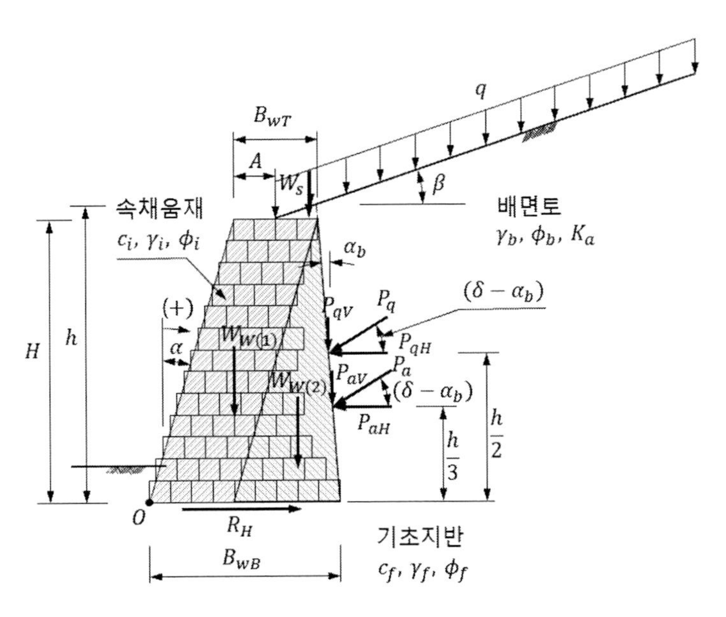

그림 3.9 저면활동 및 전도에 대한 안정성 검토 시의 하중

(2) 전도에 대한 안정성 검토

지오셀 중력식 옹벽의 전도에 대한 안정성은 다음 식과 같이 검토할 수 있다.

$$FS_{over} = \frac{M_R}{M_O} \geq 2.0 \tag{21}$$

$$M_R = M_{W_{W(1)}} + M_{W_{W(2)}} + M_{P_{aV}} + M_{PqV} \tag{22}$$

$$M_{W_{W(1)}} = W_{W(1)}\left(\frac{B_{wT}}{2} + \frac{h}{2}\tan\alpha\right) \tag{23}$$

$$M_{W_{W(2)}} = W_{W(2)}\frac{1}{3}(B_{wB} - B_{wT} + h\tan\alpha) \tag{24}$$

$$M_{W_S} = W_S\left(H\tan\alpha + \frac{2}{3}(B_{wT} - A) + \frac{1}{3}(h - H)\tan\alpha_b\right) \tag{25}$$

$$M_{P_{aV}} = P_{aV}\left(B_{wB} + \frac{h}{3}\tan\alpha_b\right) \tag{26}$$

$$M_{PqV} = P_{qV}\left(B_{wB} + \frac{h}{2}\tan\alpha_b\right) \tag{27}$$

$$M_O = P_{aH}\frac{h}{3} + P_{qH}\frac{h}{2} \tag{28}$$

여기서, FS_{over} : 전도에 대한 안전율

M_R : 점 O에 대한 저항모멘트(kN-m/m)

M_O : 점 O에 대한 전도모멘트(kN-m/m)

$M_{W_{W(1)}}$: 지오셀 중력식 옹벽의 자중 $W_{W(1)}$에 의한 저항모멘트(kN-m/m)

$M_{W_{W(2)}}$: 지오셀 중력식 옹벽의 자중 $W_{W(2)}$에 의한 저항모멘트(kN-m/m)

$M_{P_{aV}}$: 배면토압 P_a의 수직성분에 의한 저항모멘트(kN-m/m)

$M_{P_{qV}}$: 배면토압 P_q의 수직성분에 의한 저항모멘트(kN-m/m)

B_{wT} : 지오셀 중력식 옹벽 상단의 폭(m)

h : 지오셀 중력식 옹벽 배면토압 작용높이(m)

α : 지오셀 중력식 옹벽의 벽면경사(°)

W_W : 지오셀 중력식 옹벽의 자중$(= W_{W(1)} + W_{W(2)})$(kN/m)

B_{wB} : 지오셀 중력식 옹벽 바닥의 폭(m)

M_{W_S} : 지오셀 중력식 옹벽 상부 성토에 의한 저항모멘트(kN-m/m)

W_S : 지오셀 중력식 옹벽 상부 성토의 자중(kN/m)

H : 지오셀 중력식 옹벽의 높이(m)

A : 옹벽 상단 소단의 길이(m)

α_b : 지오셀 중력식 옹벽의 배면경사(°)

P_{aV} : 지오셀 중력식 옹벽 배면 흙쐐기에 의한 주동토압의 수직 성분(kN/m)

P_{qV} : 상재하중에 의한 배면토압의 수직성분(kN/m)

P_{aH} : 지오셀 중력식 옹벽의 배면 흙쐐기에 의한 주동토압 수평 성분(kN/m)

P_{qH} : 상재하중에 의한 배면토압의 수평성분(kN/m)

(3) 지반지지력에 대한 안정성 검토

지오셀 중력식 옹벽의 지반지지력에 대한 안정성은 다음 식과 같이 검토할 수 있다.

$$FS_{bear} = \frac{q_{ult}}{q_{req}} \geq 2.5 \tag{29}$$

$$q_{ult} = c_f N_c + \frac{1}{2}\gamma_f (B_{wB} - 2e_{bear}) N_\gamma + \gamma_f D_f N_q \tag{30}$$

$$N_c = (N_q - 1)\cot\phi_f \tag{31}$$

$$N_\gamma = 2(N_q + 1)\tan\phi_f \tag{32}$$

$$N_q = \tan^2\left(45^o + \frac{\phi_f}{2}\right) e^{\pi \tan\phi_f} \tag{33}$$

$$q_{req} = \frac{\Sigma P_v}{B_{wB} - 2e_{bear}} \tag{34}$$

$$e_{bear} = \frac{B_{wB}}{2} - \frac{M_R - M_O}{\Sigma P_v} \tag{35}$$

여기서, FS_{bear} : 지반지지력에 대한 안전율

q_{ult} : 기초지반의 극한지지력(kPa)

q_{req} : 소요지지력(kPa)

c_f : 기초지반의 점착력(kPa)

N_c, N_γ, N_q : 지지력계수(Vesic[1973]의 지지력계수)

γ_f : 기초지반의 단위중량(kN/m^3)

B_{wB} : 지오셀 중력식 옹벽의 최하단 지오셀의 폭(m)

e_{bear} : 지지력에 대한 안정성 검토 시의 편심거리(m)

D_f : 근입깊이(m)

ϕ_f : 기초지반의 내부마찰각(°)

ΣP_v : 수직력의 합(kN/m)

M_R : 저항모멘트(kN-m/m)

M_O : 전도모멘트(kN-m/m)

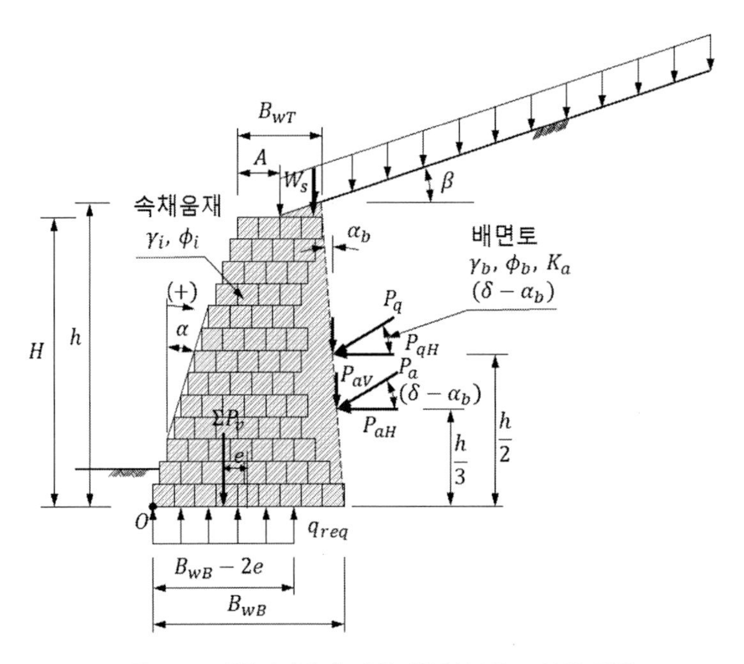

그림 3.10 지반지지력에 대한 안정성 검토 시의 하중

식(30)은 얕은기초의 지지력 공식과 같으며, 지오셀 중력식 옹벽에서는 특별한 경우가 아니면 제3항의 근입깊이 D_f의 영향을 고려하지 않는다. e_{bear}는 지오셀 중력식 옹벽 상부에 작용하는 상재활하중의 영향을 포함한다.

(4) 전체안정성 검토

지오셀 중력식 옹벽을 포함한 전체안정성은 일반적인 사면안정해석법을 사용하여 검토할 수 있으며, 지오셀의 보강효과로 인해 증가된 겉보기 점착력(c_a)의 영향으로 지오셀 중력식 옹벽 내부로는 활동파괴면이 통과하지 않는 것으로 가정하여 사면안정해석을 수행한다.

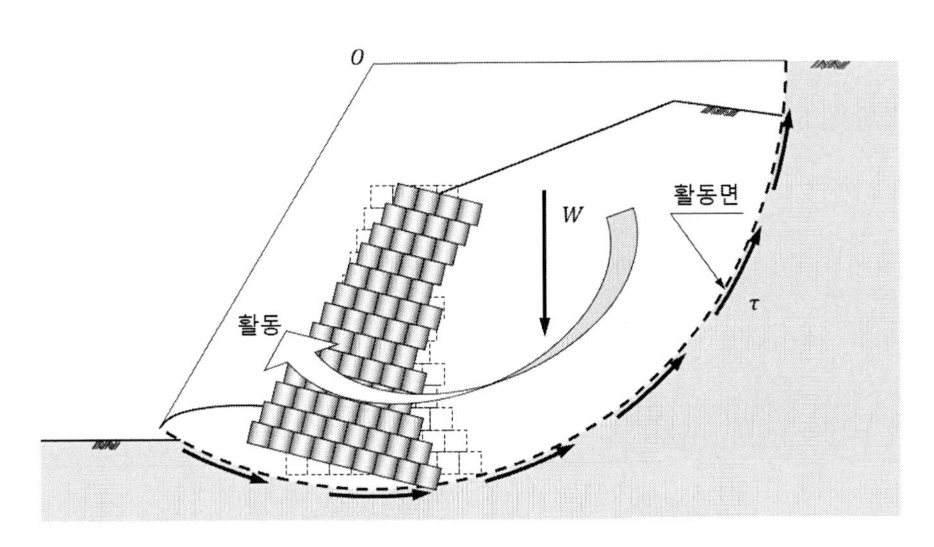

그림 3.11 지오셀 중력식 옹벽의 전체안정성 검토

3) 내적안정성 검토

(1) 내부활동에 대한 안정성 검토

지오셀 중력식 옹벽은 임의의 지오셀 층과 층 사이의 접촉면이 취약한 면이 될 수 있으며, 이러한 면을 따라 내부활동파괴가 발생할 가능성이 있다. 내부활동에 대한 안정성은 다음과 같이 검토할 수 있다.

$$FS_{s(i)} = \frac{R_{H(i)}}{P_{H(i)}} \geq 1.5 \tag{36}$$

$$R_{H(i)} = c_i B_{w(i)} + \Sigma P_{v(i)} \tan\phi_i \tag{37}$$

$$\Sigma P_{v(i)} = W_{W(i)} + W_{S(i)} + F_{TV(i)} \tag{38}$$

$$P_{H(i)} = F_{TH(i)} = P_{aH(i)} + P_{qH(i)} \tag{39}$$

$$F_{TH(i)} = F_{T(i)} \cos(\delta - \alpha_{b(i)}) \tag{40}$$

$$F_{TV(i)} = F_{T(i)} \sin(\delta - \alpha_{b(i)}) \tag{41}$$

여기서, $FS_{s(i)}$: i번째 층에서 내부활동에 대한 안전율

$R_{H(i)}$: i번째 층에서 지오셀 중력식 옹벽의 저항력(kN/m)

$P_{H(i)}$: i번째 층에서 활동력(kN/m)

c_i : 지오셀 속채움흙의 점착력(kPa)

$B_{w(i)}$: i번째 층에서 지오셀의 폭(m)

$\Sigma P_{v(i)}$: i번째 층에 작용하는 수직력의 합(kN/m)

ϕ_i : 지오셀 속채움재의 내부마찰각(°)

$W_{W(i)}$: i번째 층에서 지오셀 중력식 옹벽의 자중(kN/m)
(지오셀 배면의 가상배면까지의 무게 포함)

$W_{S(i)}$: i번째 층에 대한 지오셀 중력식 옹벽 상부의 성토하중(kN/m)

$F_{TV(i)}$: i번째 층에서 배면토압의 수직성분(kN/m)

$F_{TH(i)}$: i번째 층에서 배면토압의 수평성분(kN/m)

$P_{aH(i)}$: i번째 층에서 옹벽 배면 흙쐐기에 의한 주동토압의 수평성분 (kN/m)

$P_{qH(i)}$: i번째 층에서 상재하중에 의한 주동토압의 수평성분(kN/m)

$F_{T(i)}$: i번째 층에서 배면토압(kN/m)

δ : 벽면마찰각(°)

$\alpha_{b(i)}$: i번째 층에서 지오셀 중력식 옹벽의 배면경사(시계방향이 [+]임)(°)

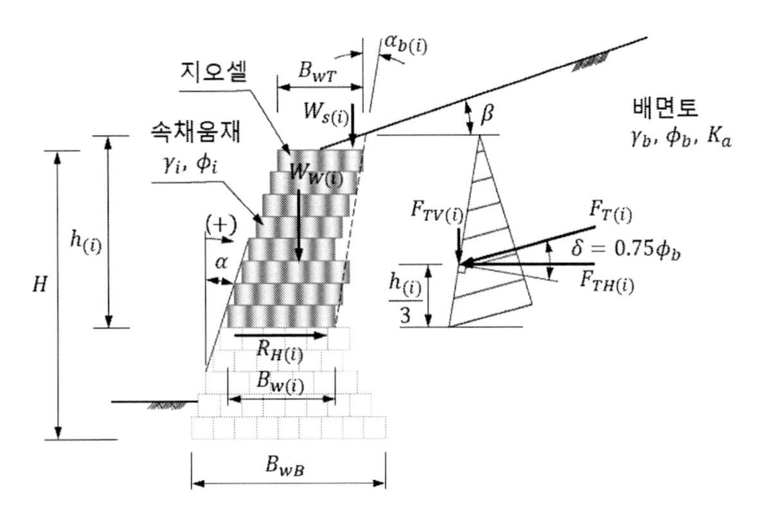

그림 3.12 지오셀 중력식 옹벽의 내부활동에 대한 안정성 검토

(2) 내부전도에 대한 안정성 검토

지오셀 중력식 옹벽의 내부전도에 대한 안정성은 다음 식과 같이 검토할 수 있다.

$$FS_{o(i)} = \frac{M_{R(i)}}{M_{O(i)}} \geq 1.5 \tag{42}$$

$$M_{R(i)} = W_{W(i)} x_{W_{W(i)}} + W_{S(i)} x_{W_{S(i)}} + F_{TV(i)} x_{F_{TV(i)}} \tag{43}$$

$$M_{O(i)} = F_{TH(i)} y_{F_{TH(i)}} \tag{44}$$

여기서, $FS_{o(i)}$: i번째 층에서 내부전도에 대한 안전율

$M_{R(i)}$: i번째 층에서 저항모멘트(kN-m/m)

$M_{O(i)}$: i번째 층에서 전도모멘트(kN-m/m)

$W_{W(i)}$: i번째 층에서 지오셀 중력식 옹벽의 자중(kN/m)

$x_{W_{W(i)}}$: i번째 층에서 지오셀 중력식 옹벽 자중에 대한 모멘트 팔길이(m)

$W_{S(i)}$: i번째 층에서 지오셀 중력식 옹벽 상부 성토의 자중(kN/m)

$x_{W_{S(i)}}$: i번째 층에서 지오셀 중력식 옹벽 상재성토에 대한 모멘트 팔길이(m)

$F_{TV(i)}$: i번째 층에서 지오셀 중력식 옹벽의 배면토압의 수직성분 (kN/m)

$x_{F_{TV(i)}}$: i번째 층에서 배면토압의 수직성분에 대한 모멘트 팔길이(m)

$F_{TH(i)}$: i번째 층에서 지오셀 중력식 옹벽의 배면토압의 수평성분 (kN/m)

$y_{F_{TH(i)}}$: i번째 층에서 배면토압의 수평성분에 대한 모멘트 팔길이(m)

3.2.4.2 지오셀 보강토옹벽의 설계

지오셀 보강토옹벽은 블록식 보강토옹벽의 콘크리트 블록 대신 지오셀을 사용하는 것으로, 지오셀 보강토옹벽의 설계 방법『KDS 11 80 10: 2021 보강토옹벽 해설』([사]한국지반신소재학회, 2024)을 참고할 수 있다.

1) 지오셀 보강토옹벽의 안정성 검토 항목

(1) 지오셀 보강토옹벽의 파괴양상

지오셀 보강토옹벽의 파괴양상은 그림 3.13과 같으며, a), b), c), d)는 외적안정성 파괴, e), f), g), h), i)는 내적안정성 파괴로 구분할 수 있다.

(2) 지오셀 보강토옹벽의 안정성 검토 항목

지오셀 보강토옹벽의 안정성 검토는 외적안정성과 내적안정성으로 구분하여 검토한다. 외적안정성 검토는 보강토체를 하나의 구조물로 가정하여 보강토체가 배면토압에 저항하는 중력식 옹벽의 개념으로 안정성을 검토하며, 일반 콘크리트 옹벽과 같이 저면활동, 전도, 지반지지력과 보강토체를 포함한 전체사면활동에 대해서도 안정성을 검토한다. 내적안정성 검토는 보강토체가 일체로 작용할 수 있는지의 여부를 검토하는 것으로, 보강토체 내부에서 보강재가 파단 또는 인발되는지에 대하여 검토하며, 또한 지오셀 전면 벽체와 보강재 연결부의 안정성에 대해서도 검토한다. 보강토체 내부에 설치되는 보강재층과 흙의 접촉면의 전단강도는 흙 자체의 전단강도보다 작은 것이 일반적이며, 보강재층이 취약한 면이 될 수 있다. 따라서 내적안정성 검토에서는 보강재층을 따라 발생하

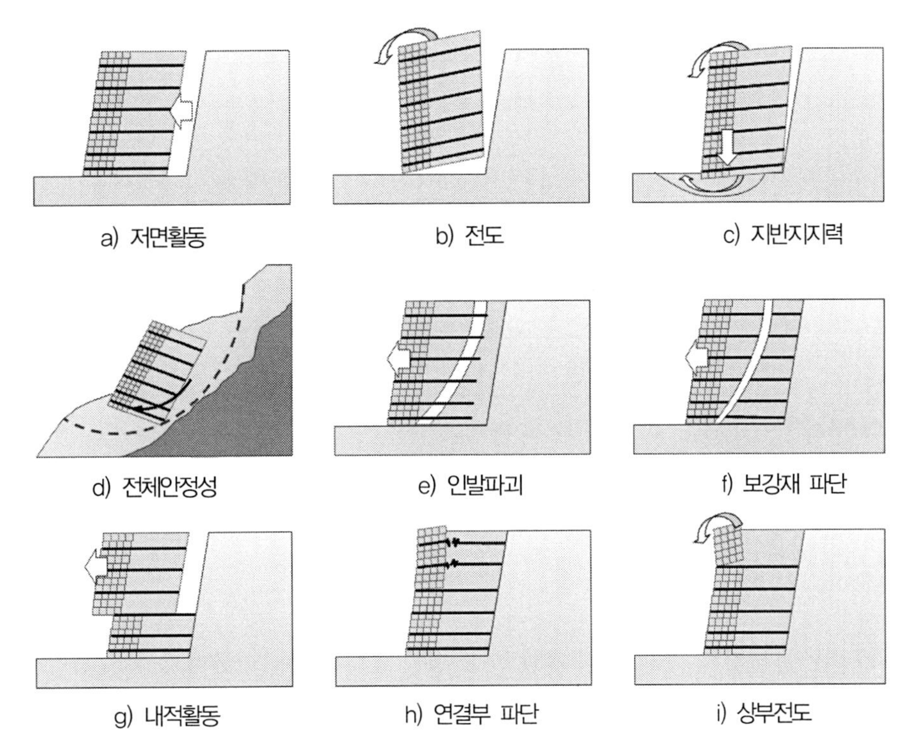

그림 3.13 지오셀 보강토옹벽의 파괴양상

는 내적활동에 대한 안정성을 검토해야 한다. 지오셀 보강토옹벽 상단부의 보강되지 않은 지오셀 전면벽체는 배면토압에 의하여 상부전도가 발생할 가능성이 있으므로, 이에 대한 안정성 검토도 내적안정성 검토에 포함된다.

(3) 지오셀 보강토옹벽의 설계기준 안전율

지오셀 보강토옹벽은 전면벽체가 지오셀인 보강토옹벽이므로, 보강토옹벽의 설계기준 안전율을 적용할 수 있다. 지오셀 보강토옹벽의 설계기준 안전율은 표 3.5에 있으며, 『KDS 11 80 10: 2021 보강토옹벽』에 제시되지 않은 항목은 NCMA(2012) 매뉴얼 등을 참고하여 제시하였다.

표 3.5 지오셀 보강토옹벽의 설계기준 안전율(KDS 11 80 10 수정)

구분		평상시	지진 시	비고
외적안정	활동	1.5	1.1	
	전도	2.0	1.5	
	지반지지력	2.5	2.0	
	전체안정성	1.5	1.1	복합안정성 포함
내적안정	보강재 파단주1)	1.0	1.0	
	보강재 인발	1.5	1.1	
	내적활동	1.5	1.1	
	상부전도	1.5	1.1	
	연결부 안정	1.5	1.1	

주1) 보강재 파단에 대한 안정성은 보강재의 장기설계인장강도(T_a)를 사용하므로 1.0으로 한다.

보강재 장기설계인장강도(T_a) 산정 시의 안전율은 보강재 종류별로 다음과 같다.

표 3.6 보강재 종류에 따른 안전율([사]한국지반신소재학회, 2024)

보강재의 종류	평상시	지진 시	비고
강재 띠형 보강재	1.82	1.35	
강재 그리드형 보강재	2.08	1.55	
토목섬유 보강재	1.50	1.10	

2) 지오셀 보강토옹벽에 작용하는 하중

지오셀 보강토옹벽의 설계에 적용하는 주요 하중은 다음과 같다. 지오셀 보강토옹벽의 안정성 검토 시 이들 하중의 적용 방법에 대해서는 『KDS 11 80 10: 2021 보강토옹벽 해설』([사]한국지반신소재학회, 2024)을 참고할 수 있다.

① 자중

② 상재성토하중

③ 상재하중(등분포하중, 띠하중, 독립기초하중, 선하중, 집중하중 등)

④ 배면토압

⑤ 수평하중(풍하중, 차량충돌하중 등)

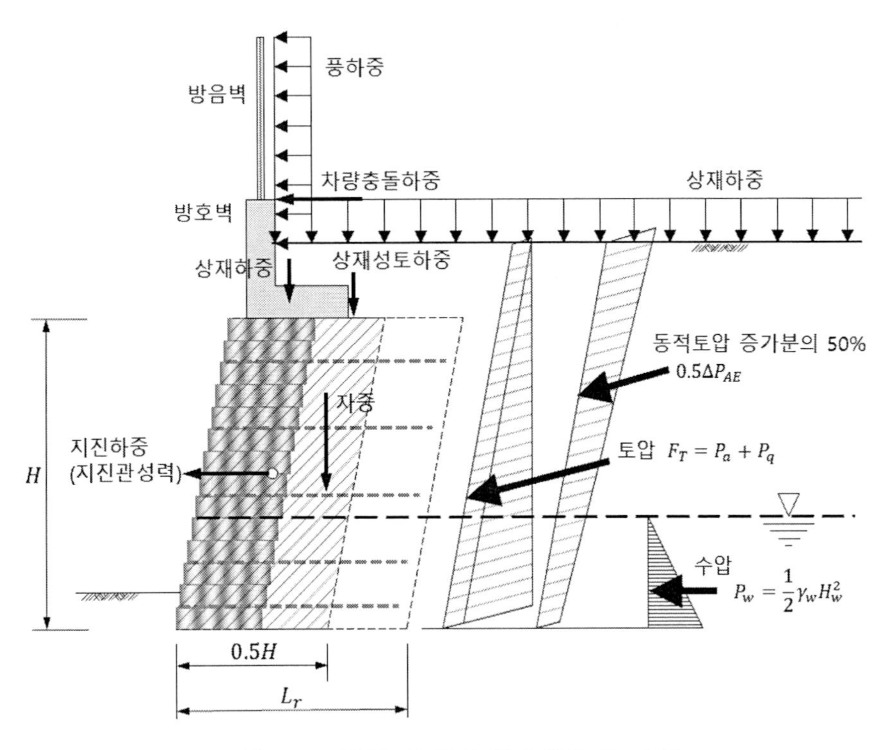

그림 3.14 지오셀 보강토옹벽에 작용하는 하중

⑥ 지진하중(지진관성력, 동적토압 증가분)

⑦ 기타 하중

(1) 배면토압

지오셀 보강토옹벽의 배면에 작용하는 배면토압은 식 (45)와 같이 계산할 수 있다.

$$P_a = \frac{1}{2}\gamma_b h^2 K_a \tag{45}$$

여기서, P_a : 보강토옹벽 배면에 작용하는 주동토압(kN/m)

γ_b : 배면토(Retained Soil)의 단위중량(kN/m^3)

h : 보강토옹벽 배면에 주동토압이 작용하는 가상 높이(m)

K_a : 주동토압계수

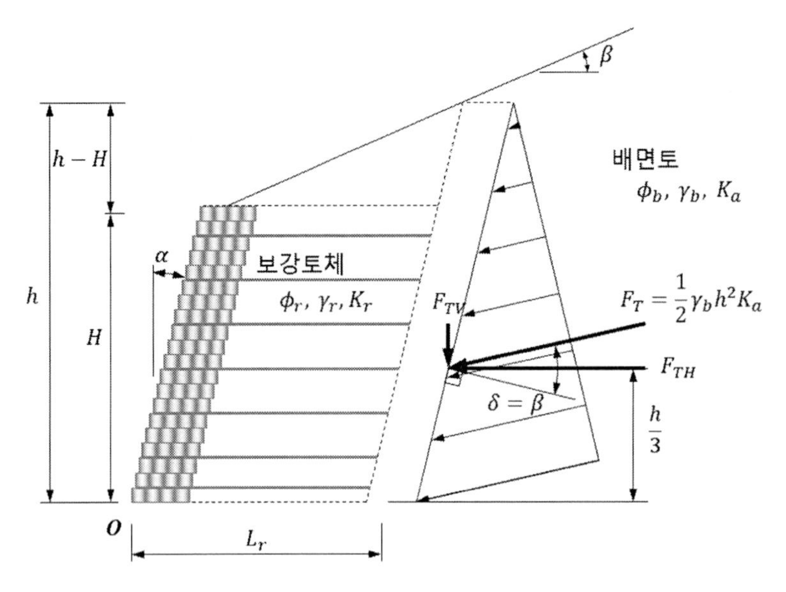

그림 3.15 지오셀 보강토옹벽에 작용하는 배면토압(AASHTO, 2007)

가) 토압계수

지오셀 보강토옹벽의 외적안정해석에 사용하는 토압계수는 기본적으로 쿨롱의 주동토압계수를 사용한다. 이때 벽면마찰각 δ는 상부사면경사각 β와 같지만, 배면토의 전단저항각 ϕ_b보다는 작다.

$$K_a = \frac{\cos^2(\phi_b + \alpha)}{\cos^2\alpha\cos(\alpha - \delta)\left[1 + \sqrt{\frac{\sin(\phi_b + \delta)\sin(\phi_b - \beta)}{\cos(\alpha - \delta)\cos(\alpha + \beta)}}\right]^2} \tag{46}$$

여기서, K_a : 쿨롱의 주동토압계수

ϕ_b : 배면토의 내부마찰각(°)

α : 벽면경사(수직으로부터)(°)

δ : 벽면마찰각(°)

β : 상부사면경사각(°)

나) 벽면이 수직이고 상부가 수평인 경우의 토압계수

보강토옹벽의 벽면경사가 수직 또는 수직에 가깝고($\alpha < 10^o$) 상부가 수평($\beta = 0$)인 경우에는 식 (47)과 같은 랭킨(Rankine)의 주동토압계수를 사용할 수 있다.

$$K_a = \tan^2\left(45^o - \frac{\phi_b}{2}\right) \tag{47}$$

다) 벽면이 수직이고 상부가 무한사면인 경우의 토압계수

벽면의 경사가 수직 또는 수직에 가깝고($\alpha < 10^o$), 상부가 무한사면인 경우($\beta \neq 0$)에는 식 (48)과 같은 랭킨의 주동토압계수를 사용할 수 있다.

$$K_a = \cos\beta\left[\frac{\cos\beta - \sqrt{\cos^2\beta - \cos^2\phi_b}}{\cos\beta + \sqrt{\cos^2\beta - \cos^2\phi_b}}\right] \tag{48}$$

라) 상부가 사다리꼴 성토인 경우의 토압계수

보강토옹벽 상부의 사면이 무한하지 않으면, 앞에서와 같은 토압계수를 직접적으로 적용하기는 곤란하다. 이런 경우에는 그림 3.16a) 쿨롱의 토압이론에 의한 시행쐐기법(Trial Wedge Analysis)으로 배면토압을 계산할 수 있다(AASHTO, 2020).

한편, FHWA 지침(Elias 등, 2001)과 AASHTO(2020) LRFD에서는 계산의 편의를 위한 대안을 그림 3.16b)에서와 같이 제시하고 있다. 즉, 성토사면의 길이가 보강토옹벽 높이의 2배에 미치지 않는 경우에는, 보강토옹벽 상부를 가상의 무한사면으로 가정하여 배면토압을 작용시키며, 식 (46) 또는 (48)에서 사면경사각 β 대신에 가상무한사면의 경사각 i를 사용한다.

(2) 지진하중

지진 시 보강토옹벽에는 정하중에 더하여 보강토체의 지진관성력(P_{IR})과 보강토체 배면에 동적토압 증가분(ΔP_{AE})이 추가로 작용한다.

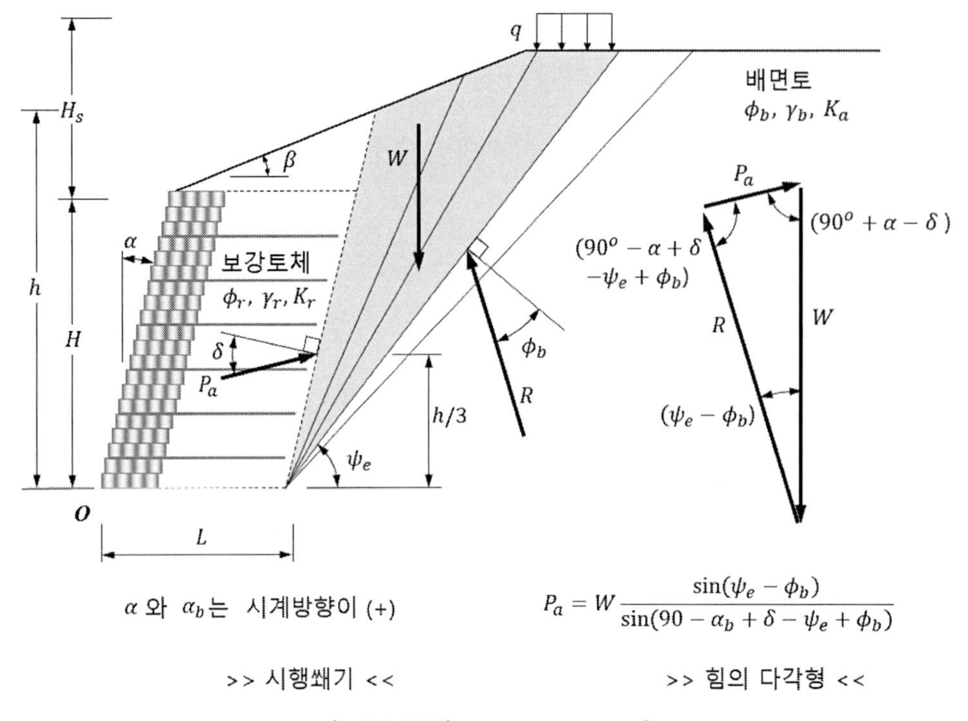

a) 시행쐐기법(Trial Wedge Method)

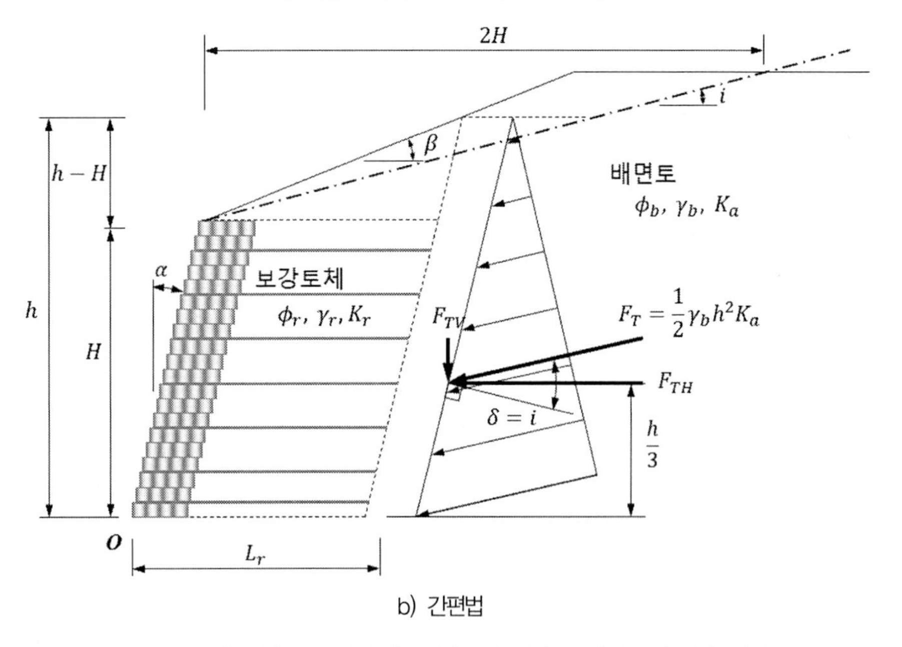

b) 간편법

그림 3.16 상부 성토가 사다리꼴 성토인 경우의 배면토압 계산 방법

가) 지진관성력, P_{IR}

지진관성력은 그림 3.17에서와 같이 보강토체 중 관성력의 영향을 받는 부분(빗금 친 영역)의 관성력이며, 일반적으로 동적토압이 작용하는 배면높이(H_2)의 50%에 해당하는 저면폭($0.5H_2$, 상부가 수평일 때는 $H_2 = H$)만큼만 관성력에 기여하는 것으로 간주하며, 지진관성력(P_{IR})은 관성력의 영향을 받는 토체의 중심에 작용한다.

보강토옹벽의 지진관성력(P_{IR})은 다음과 같이 계산한다.

$$P_{IR} = MA_m \tag{49}$$

$$A_m = (1.45 - A)A \tag{50}$$

여기서, M : 그림 3.17에서 빗금 친 부분의 질량

A_m : 보강토옹벽 중심에서 최대지진계수

A : 기초지반의 최대지반가속도계수

여기서, 기초지반의 최대지반가속도계수(Max. Ground Acceleration Coefficient, A)는 지오셀 보강토옹벽 설치를 위하여 정지된 지표면에서의 최대지반가속도계수로, 지진구역별로 내진등급에 따른 최대지반가속도의 크기를 나타내기 위한 계수이다.

최대지반가속도계수는 KDS 17 10 00 내진설계 일반에 따라 결정한다. 행정구역에 의한 방법을 사용할 때는 지진구역별 지진구역계수(Z)와 지오셀 보강토옹벽의 내진등급에 따른 위험도계수(I)를 곱한 유효수평가속도($S = Z \times I$)에 지반특성을 고려한 지반증폭계수를 곱하여 계산한다. 이때 지반증폭계수는 단주기 지반증폭계수(F_a)를 사용한다.

나) 동적토압 증가분, ΔP_{AE}

동적토압은 그림 3.17에서와 같이 관성력의 영향을 받는 부분의 배면에 작용하는 것으로 가정하며, Mononobe-Okabe 공식으로 구한 지진 시 주동토압 증가분(ΔP_{AE})의 50%를 $0.6H_2$(상부가 수평일 때는 $H_2 = H$) 위치에 작용시킨다.

지진 시 주동토압 증가분은 다음 식을 이용하여 산정할 수 있다.

$$\Delta P_{AE} = \frac{1}{2}\gamma_b H_2^2 \Delta K_{AE} \tag{51}$$

$$\Delta K_{AE} = K_{AE} - K_a \tag{52}$$

$$K_{AE} = \frac{\cos^2(\phi_b + \alpha - \theta)/\cos\theta\cos^2\alpha\cos(\delta - \alpha + \theta)}{\left[1 + \sqrt{\frac{\sin(\phi_b + \delta)\ \sin(\phi_b - \beta - \theta)}{\cos(\delta - \alpha + \theta)\cos(\alpha + \beta)}}\right]^2} \tag{53}$$

여기서, ΔP_{AE} : 동적토압 증가분(kN/m)

γ_b : 배면토의 단위중량(kN/m^3)

H_2 : 관성력을 받는 보강토옹벽 배면의 높이(m)

ΔK_{AE} : 동적토압계수 증가분

K_{AE} : Mononobe-Okabe의 동적주동토압계수

K_a : 정적주동토압계수(쿨롱의 주동토압계수)

ϕ_b : 배면토의 내부마찰각(°)

α : 벽면의 경사각(수직에서 시계방향이 [+])(°)

θ : 지진관성각(Seismic Inertia Angle, $\theta = \tan^{-1}\left(\frac{k_h}{1 \pm k_v}\right)$)(°)

δ : 벽체 배면에서 유발된 접촉면의 마찰각(°)

β : 상부 성토사면의 경사각(수평으로부터)(°)

k_h, k_v : 각각 수평과 수직 방향의 지진가속도계수(Horizontal and Vertical Seismic Acceleration Coefficients)

일반적으로 Mononobe-Okabe의 동적주동토압계수(K_{AE})를 계산할 때 수평 방향 지진가속도계수(k_h)는 식 (50)의 보강토옹벽의 최대지진계수 A_m을 적용하며, 수직 방향 지진가속도계수(k_v)는 0으로 한다. Mononobe-Okabe의 동적주동토압계수 계산 시 $k_h = A_m$을 적용하는 것은 지진 시 지오셀 보강토옹벽의 횡방향 변형을 허용하지 않는

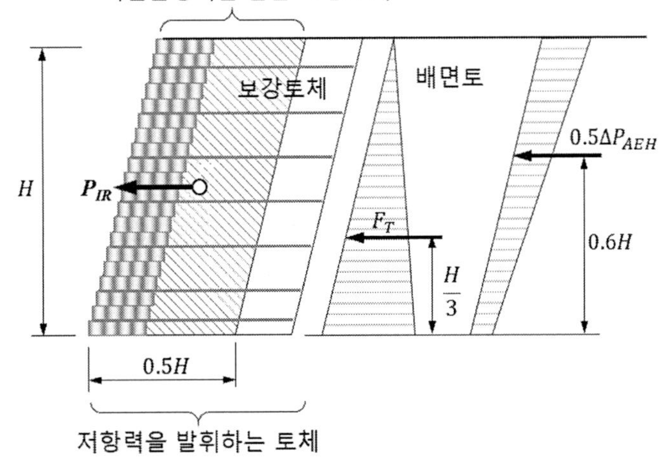

a) 상부가 수평인 경우

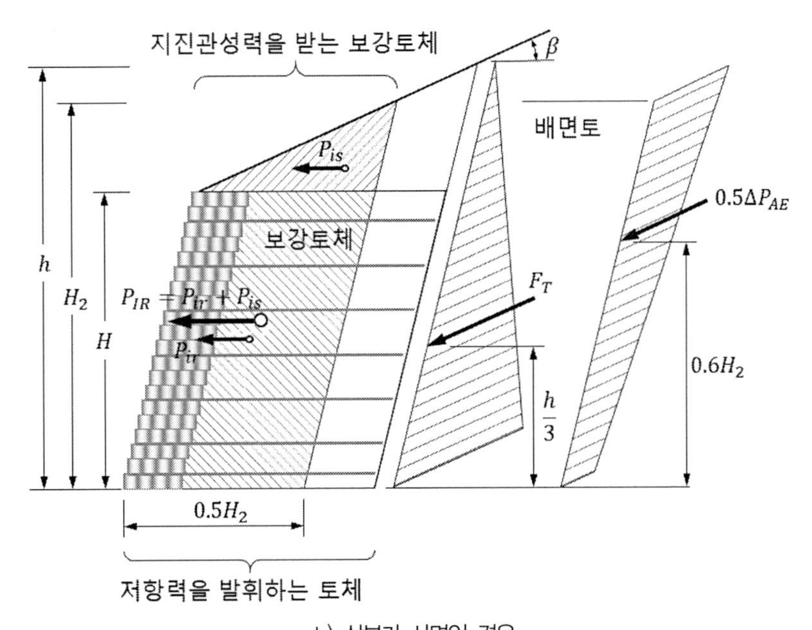

b) 상부가 사면인 경우

그림 3.17 지진 시 지오셀 보강토옹벽에 추가되는 하중

다는 의미이며, 이는 과도하게 보수적인 가정이다(Elias 등, 2001).

경제적인 설계를 위해 약간의 변위를 허용하는 것이 좋으며, 다음과 같은 조건을 충족시킬 때 지진 시 지오셀 보강토옹벽의 횡방향 변형을 허용할 수 있다(Elias 등, 2001).

① 지오셀 보강토옹벽과 이에 지지되는 구조물이 활동에 의한 횡방향 변형을 허용할 수 있을 때

② 지오셀 보강토옹벽이 저면의 마찰저항력과 전면의 수동저항력을 제외하고는 저면 활동이 구속되지 않을 때

③ 지오셀 보강토옹벽이 교대의 역할을 할 때, 교량받침이 가동받침이라서 옹벽 상단이 구속되지 않을 때

Mononobe-Okabe의 동적주동토압계수(K_{AE})를 계산할 때 $k_h = 0.5A$를 적용하면, 최대허용변위는 $250A$(mm)이다. 벽체의 허용수평변위(d, mm 단위)를 고려하여 식 (54)와 같이 수평지진계수(k_h)를 수정하는 방법도 고려할 수 있으며, 일반적으로 50~100mm의 허용변위에 대하여 적용한다(Elias 등, 2001).

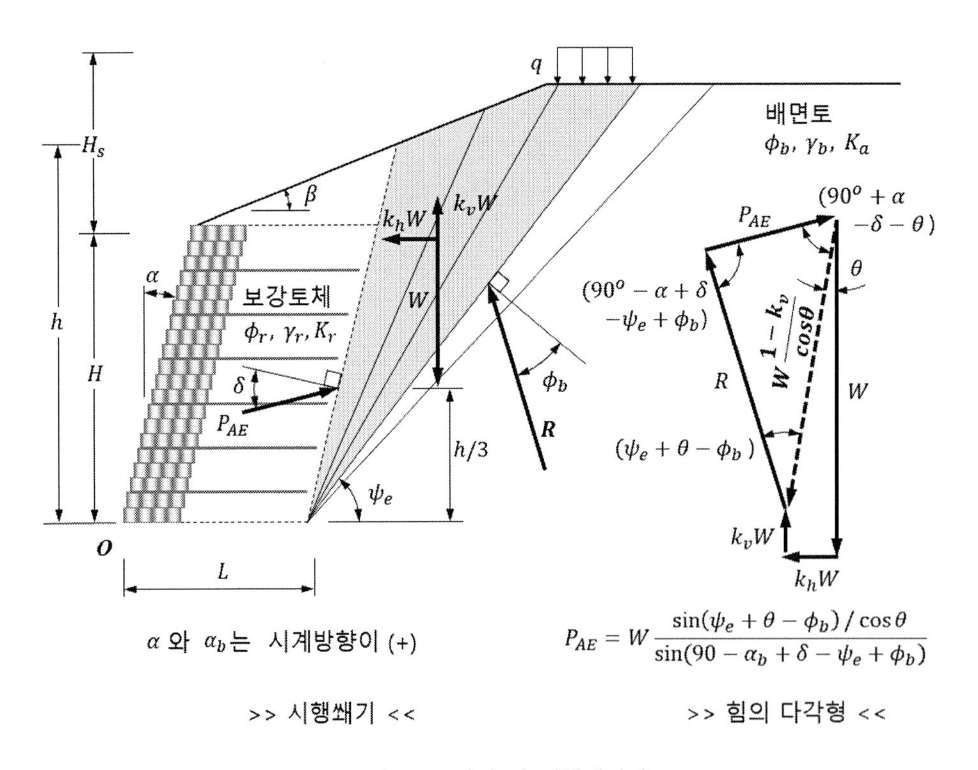

그림 3.18 지진 시 시행쐐기법

$$k_h = 1.66 A_m \left(\frac{A_m}{d} \right)^{0.25} \quad (\text{단, } 25\text{mm} \le d \le 200\text{mm}) \tag{54}$$

한편, 상부 사면의 경사각이 큰 경우 즉, $\beta > \phi_b - \theta$인 때에는 분모의 $\sqrt{\ }$ 안의 값이 음(−)의 값이 되어 K_{AE}를 계산할 수 없다. 이런 경우 인위적으로 $\phi_b - \beta - \theta = 0$을 입력하여 K_{AE}를 계산할 수는 있으나, 과도하게 보수적인 값을 산출할 수 있다(AASHTO, 2020). 대안으로 그림 3.18에서와 같은 시행쐐기법(Trial Wedge Method)을 사용할 수 있다.

3) 지오셀 보강토옹벽의 외적안정성 검토

(1) 저면활동에 대한 안정성 검토

지오셀 보강토옹벽의 저면활동에 대한 안정성은 다음과 같이 검토할 수 있다.

$$FS_{slid} = \frac{R_H}{P_H} \ge 1.5 \tag{55}$$

$$R_H = \min. \begin{cases} \Sigma P_v \tan\phi_r \\ c_f L_r + \Sigma P_v \tan\phi_f \end{cases} \tag{56}$$

$$\Sigma P_v = V_1 + V_2 + P_{aV} + P_{qV} \tag{57}$$

$$P_H = F_{TH} = P_{aH} + P_{qH} \tag{58}$$

$$P_{aH} = P_a \cos(\delta - \alpha) \tag{59}$$

$$P_{qH} = P_q \cos(\delta - \alpha) \tag{60}$$

여기서, FS_{slid} : 저면활동에 대한 안전율
R_H : 보강토체 저면의 저항력(kN/m)
P_H : 배면토압에 의한 활동력(kN/m)
ΣP_v : 수직력의 합(kN/m)
ϕ_r : 보강토체의 내부마찰각(°)
c_f : 기초지반의 점착력(kPa)

L_r : 보강재 길이(m)

ϕ_f : 기초지반의 내부마찰각(°)

V_1 : 보강토체의 자중(kN/m)

V_2 : 상재성토의 자중(kN/m)

P_{aV} : 배면토압의 수직성분(kN/m)

P_{qV} : 상재하중에 의한 배면토압의 수직성분(kN/m)

F_{TH} : 배면토압의 수평성분(kN/m)

P_{aH} : 흙쐐기에 의한 배면토압의 수평성분(kN/m)

P_{qH} : 상재하중에 의한 배면토압의 수평성분(kN/m)

P_a : 흙쐐기에 의한 배면토압(kN/m)

P_q : 상재하중에 의한 배면토압(kN/m)

δ : 벽면마찰각(°)

α : 벽면경사(°)

(2) 전도에 대한 안정성 검토

지오셀 보강토옹벽의 전도에 대한 안정성은 다음과 같이 검토할 수 있다.

$$FS_{over} = \frac{M_R}{M_O} \geq 2.0 \tag{61}$$

$$M_R = M_{V_1} + M_{V_2} + M_{P_{aV}} + M_{P_{qV}} \tag{62}$$

$$M_{V_1} = V_1\left(\frac{L_r}{2} + \frac{H}{2}\tan\alpha\right) \tag{63}$$

$$M_{V_2} = V_2\left(H\tan\alpha + \frac{2}{3}L_r + \frac{(h-H)}{3}\tan\alpha\right) \tag{64}$$

$$M_{P_{aV}} = P_{aV}\left(L_r + \frac{h}{3}\tan\alpha\right) \tag{65}$$

$$M_{P_{qV}} = P_{qV}\left(L_r + \frac{h}{2}\tan\alpha\right) \tag{66}$$

$$M_O = M_{P_{aH}} + M_{P_{qH}} \tag{67}$$

$$M_{P_{aH}} = P_{aH} \times \frac{h}{3} \tag{68}$$

$$M_{P_{qH}} = P_{qH} \times \frac{h}{2} \tag{69}$$

여기서, FS_{over} : 전도에 대한 안전율

M_R : 보강토체의 저항모멘트(kN-m/m)

M_O : 전도모멘트(kN-m/m)

M_{V_1} : 보강토체의 자중에 의한 저항모멘트(kN-m/m)

M_{V_2} : 상재성토에 의한 저항모멘트(kN-m/m)

$M_{P_{aV}}$: 흙쐐기에 의한 배면토압의 수직성분에 의한 저항모멘트 (kN-m/m)

$M_{P_{qV}}$: 상재하중으로 인한 배면토압의 수직성분에 의한 저항모멘트 (kN-m/m)

V_1 : 보강토체의 자중(kN/m)

V_2 : 상재성토의 자중(kN/m)

L_r : 보강재 길이(m)

H : 지오셀 보강토옹벽의 높이(m)

h : 배면토압 작용높이(m)

α : 지오셀 보강토옹벽의 벽면경사(°)

P_{aV} : 흙쐐기에 의한 배면토압의 수직성분(kN/m)

P_{qV} : 상재하중에 의한 배면토압의 수직성분(kN/m)

$M_{P_{aH}}$: 흙쐐기에 의한 배면토압의 수평성분에 의한 전도모멘트 (kN-m/m)

$M_{P_{qH}}$: 상재하중으로 인한 배면토압의 수평성분에 의한 전도모멘트 (kN-m/m)

P_{aH} : 흙쐐기에 의한 배면토압의 수평성분(kN/m)

P_{qH} : 상재하중에 의한 배면토압의 수평성분(kN/m)

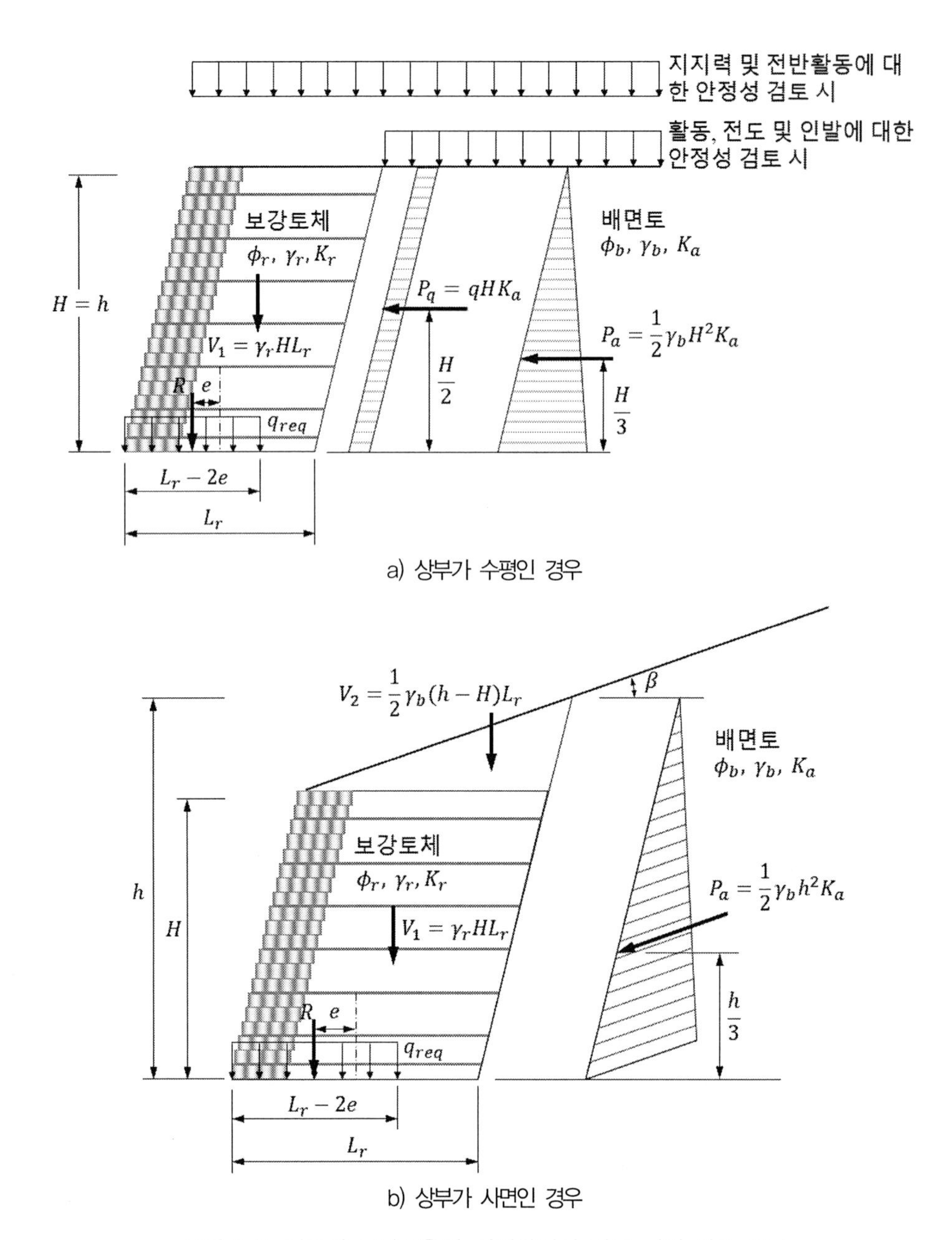

그림 3.19 지오셀 보강토옹벽 외적안정성 검토 시의 하중 분포

(3) 지반지지력에 대한 안정성 검토

지오셀 보강토옹벽의 지반지지력에 대한 안정성은 다음과 같이 검토할 수 있다.

$$FS_{bear} = \frac{q_{ult}}{q_{req}} \geq 2.5 \tag{70}$$

$$q_{ult} = c_f N_c + \frac{1}{2}\gamma_f (L_r - 2e_{bear}) N_\gamma + \gamma_f D_f N_q \tag{71}$$

$$N_c = (N_q - 1)\cot\phi_f \tag{72}$$

$$N_\gamma = 2(N_q + 1)\tan\phi_f \tag{73}$$

$$N_q = \tan^2\left(45^o + \frac{\phi_f}{2}\right)e^{\pi \tan\phi_f} \tag{74}$$

$$q_{req} = \frac{\Sigma P_v}{L_r - 2e_{bear}} \tag{75}$$

$$e_{bear} = \frac{L_r}{2} - \frac{M_R - M_O}{\Sigma P_v} \tag{76}$$

여기서, FS_{bear} : 지반지지력에 대한 안전율

q_{ult} : 기초지반의 극한지지력(kPa)

q_{req} : 소요지지력(kPa)

c_f : 기초지반의 점착력(kPa)

N_c, N_γ, N_q : 지지력계수(Vesic[1973]의 지지력계수)

γ_f : 기초지반의 단위중량(kN/m^3)

L_r : 지오셀 보강토옹벽의 보강재 길이(m)

e_{bear} : 지지력에 대한 안정성 검토 시의 편심거리(m)

D_f : 근입깊이(m)

ϕ_f : 기초지반의 내부마찰각(°)

ΣP_v : 수직력의 합(kN/m)

M_R : 저항모멘트(kN-m/m)

M_O : 전도모멘트(kN-m/m)

(4) 전체안정성 검토

지오셀 보강토옹벽을 포함한 전체안정성 검토는 보강재의 효과를 고려할 수 있도록 수정한 사면안정해석법을 사용하여 수행할 수 있다.

4) 지오셀 보강토옹벽의 내적안정성 검토

지오셀 보강토옹벽의 내적안정해석은 보강토체를 활동영역과 저항영역으로 나누고, 층별 보강재에 발생하는 최대유발인장력(T_{max})을 계산한 후 보강재의 인장파괴와 보강재가 저항영역으로부터 빠져나오는 인발파괴에 대하여 검토한다.

보강토체의 파괴면은 층별 보강재의 최대유발인장력 발생 위치를 연결한 선으로, 보강토옹벽의 선단에서 대수나선 형태로 발생하는 것이 일반적이지만, 안정해석의 간편성을 위하여 직선(Linear) 또는 이중직선(Bi-Linear)으로 가정할 수 있다.

일반적으로 토목섬유 보강재를 사용하는 지오셀 보강토옹벽의 가상파괴면은 그림 3.20과 같다.

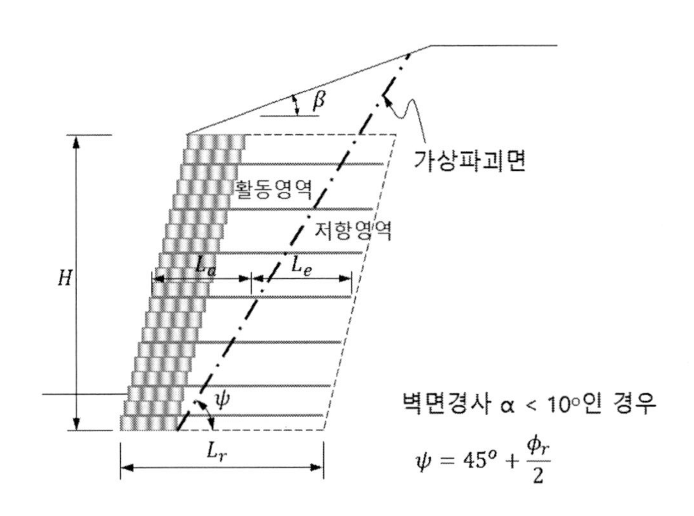

벽면경사 α ≥ 10°인 경우

$$\tan(\psi-\phi)=\frac{-\tan(\phi-\beta)+\sqrt{\tan(\phi-\beta)[\tan(\phi-\beta)+\cot(\phi+\alpha)]\times[1+\tan(\delta-\alpha)\cot(\phi+\alpha)]}}{1+\tan(\delta-\alpha)\times[\tan(\phi-\beta)+\cot(\phi+\alpha)]}$$

그림 3.20 지오셀 보강토옹벽의 가상파괴면(신장성 보강재)

(1) 보강재 파단에 대한 안정성 검토

가) 보강재 파단에 대한 안정성 검토

보강재 파단에 대한 안정성은 다음과 같이 검토할 수 있다.

$$FS_{rupture} = \frac{T_a}{T_{\max}} \geq 1.0 \tag{77}$$

여기서, $FS_{rupture}$: 보강재 파단에 대한 안전율

T_a : 보강재의 장기설계인장강도(kN/m)

$T_{\max}$: 보강재의 최대유발인장력(kN/m)

그런데 상용 보강토옹벽 설계 프로그램 중에는 보강재 파단에 대한 안전율을 보강재의 장기설계인장강도(T_a)가 아닌 보강재의 장기인장강도(T_l)를 기준으로 하는 것이 있다. 이러한 경우 보강재 파단에 대한 안전율은 다음과 같이 계산한다(69페이지 표 3.6 참조).

$$FS_{ru} = \frac{T_l}{T_{\max}} \geq \begin{cases} 1.82 & : \text{강재 띠형 보강재} \\ 2.08 & : \text{강재 그리드형 보강재} \\ 1.50 & : \text{토목섬유 보강재} \end{cases} \tag{78}$$

여기서, FS_{ru} : 보강재 파단에 대한 안전율

T_l : 보강재의 장기인장강도(kN/m)

$T_{\max}$: 보강재의 최대유발인장력(kN/m)

나) 보강재의 장기설계인장강도(T_a)

보강재의 장기설계인장강도(T_a)는 보강재의 장기인장강도(T_l)에 안전율(FS)을 고려하여 다음과 같이 산정한다.

$$T_a = \frac{T_l}{FS} \tag{79}$$

여기서, T_a : 보강재의 장기설계인장강도(kN/m)

T_l : 보강재의 장기인장강도(kN/m)

FS : 안전율

안전율(FS)은 보강재 재질별로 다른 값을 적용하며, 표 3.6(69페이지)의 값을 적용한다. 보강토옹벽에 사용되는 보강재의 장기설계인장강도(T_a)의 산정방법에 대해서는 『KDS 11 80 10: 2021 보강토옹벽 해설』([사]한국지반신소재학회, 2024)을 참고할 수 있다. 지오셀 보강토옹벽에는 주로 토목섬유 재질의 보강재를 사용하므로, 여기서는 토목섬유 보강재의 장기인장강도 산정방법을 간단하게 설명한다.

토목섬유 보강재는 생화학적인 내구성, 내시공성, 그리고 장기적인 크리프(Creep) 특성을 고려한 감소계수를 적용하여 식 (80)과 같이 장기인장강도(T_l)를 산정한다.

$$T_l = \frac{T_{ult}}{RF_D RF_{ID} RF_{CR}} \tag{80}$$

여기서, T_l : 보강재의 장기인장강도(kN/m)

T_{ult} : 보강재의 극한인장강도(kN/m)

RF_D : 내구성에 대한 감소계수(≥1.1)

RF_{ID} : 시공손상에 대한 감소계수(≥1.1)

RF_{CR} : 크리프 특성에 대한 감소계수(표 3.7 참조)

각 감소계수는 공신력 있는 기관에서 수행한 시험결과에 근거하여 산정해야 하며, 시험결과로부터 산정된 내구성 또는 시공손상에 대한 감소계수가 1.1 이하인 때에는 최솟값인 1.1을 사용한다. 시험결과로부터 산정된 크리프 특성에 대한 감소계수(RF_{CR})가

표 3.7의 최솟값 이하인 경우에는 최솟값을 사용하고, 최솟값과 최댓값 사이인 경우에는 시험결괏값을 사용하며, 최댓값보다 큰 보강재는 사용하지 않는다.

표 3.7 토목섬유 재질별 크리프(Creep) 감소계수의 일반적인 범위(Elias 등, 2001)

폴리머(Polymer) 종류	크리프 감소계수, RF_{CR}
폴리에스테르(Polyester, PET)	2.5~1.6
폴리프로필렌(Polypropylene, PP)	5.0~4.0
폴리에틸렌(Polyethylene, PE)	5.0~2.5

다) 보강재의 최대유발인장력($T_{\max}$)

층별 보강재에 작용하는 최대유발인장력($T_{\max}$)은 각 보강재 위치에서 작용하는 수평토압(σ_h)과 보강재의 수직설치 간격(S_v)을 고려하여 다음과 같이 산정할 수 있다.

$$T_{\max} = \sigma_h \, S_v \tag{81}$$

$$\sigma_h = K_r(\sigma_v + \Delta\sigma_v) \quad + \Delta\sigma_h \tag{82}$$

$$\sigma_v \; = \; \gamma_r \, Z \; + \; \sigma_2 \tag{83}$$

여기서, $T_{\max}$: 각 보강재층에서의 최대유발인장력(kN/m)

σ_h : 각 보강재층에서의 수평응력(kN/m^2)

S_v : 보강재의 수직 설치간격(m)

K_r : 보강토체 내부의 수평토압계수(그림 3.21 참조)

σ_v : 보강재 위치에서의 수직응력(상재성토하중 포함)(kN/m^2)

$\Delta\sigma_v$: 등분포하중이나 상부 구조물 등의 상재하중(띠하중[Strip Load], 선하중[Line Load] 등; 1H:2V 분포로 계산)에 의한 수직토압 증가분(kN/m^2)

$\Delta\sigma_h$: 상재하중에 의해 유발되는 보강재 위치에서의 수평토압 증가분(kN/m^2)

γ_r : 보강토체의 단위중량(kN/m^3)

Z : 보강토옹벽 상단에서 보강재까지의 깊이(m)

σ_2 : 상재성토에 의한 하중(kN/m²)(그림 3.22 참조)

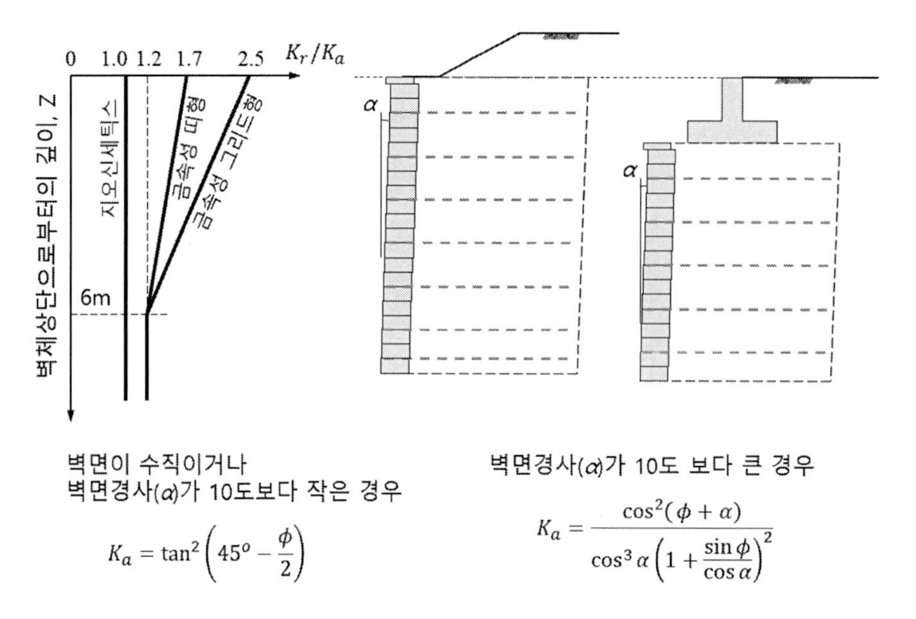

주) 지오신세틱스 중 띠형 섬유 보강재(Polymer Strip)는 금속성 띠형과 같이 적용할 수 있다.

그림 3.21 보강토체 내부의 토압계수비(K_r/K_a)(Elias 등, 2001; Berg 등, 2009 수정)

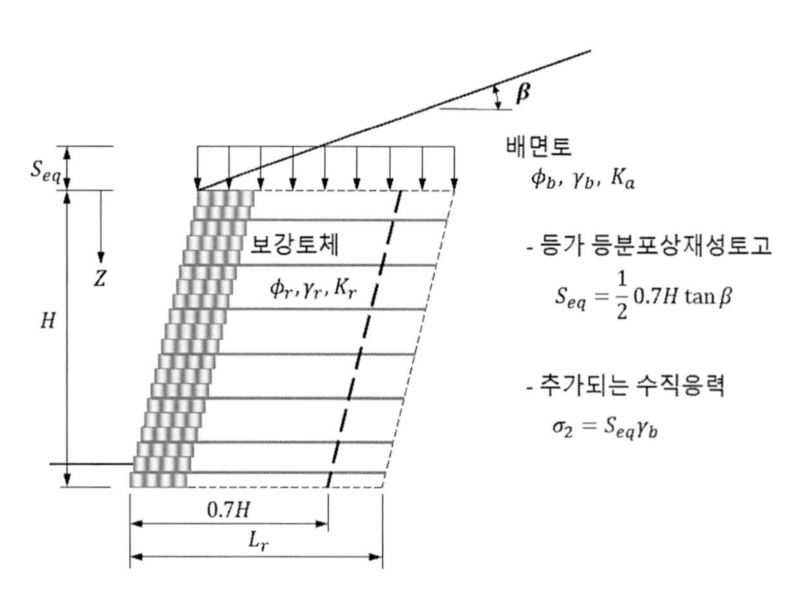

그림 3.22 상재성토에 의한 수직응력 증가분(σ_2) 계산(Berg 등, 2010 수정)

보강토체 내부의 토압계수(K_r)는 일반적으로 주동토압계수(K_a)를 적용할 수 있지만, 신장성이 작은 금속 보강재의 경우 지표에서 6.0m까지 보강토체 내부의 토압계수(K_r)가 주동토압계수(K_a)보다 큰 값을 나타낸다. 그림 3.21에 보강재의 종류에 따라 적용하는 수평토압계수의 비(K_r / K_a)가 나타나 있다.
상재하중에 의한 수직토압 증가분($\Delta\sigma_v$)과 수평토압 증가분($\Delta\sigma_h$)은 『KDS 11 80 10: 2021 보강토옹벽 해설』([사]한국지반신소재학회, 2024)을 참고할 수 있다.

(2) 보강재 인발파괴에 대한 안정성 검토

보강재의 인발파괴에 대한 검토는 보강재에 작용하는 최대하중(최대유발인장력과 동일)을 저항영역 내에 근입된 보강재와 흙 사이의 인발저항력(P_r)이 견디는지에 대한 검토이며, 인발파괴에 대한 안전율은 다음과 같이 계산할 수 있다. 다만, 보강재 인발저항력(P_r) 산정 시 상재활하중의 영향은 고려하지 않는다.

$$FS_{po} = \frac{P_r}{T_{\max}} \geq 1.5 \qquad (84)$$

$$P_r = \alpha \ C \ \gamma Z_p \ L_e \ F^* \ R_c \qquad (85)$$

여기서, FS_{po} : 보강재 인발파괴에 대한 안전율
P_r : 보강재의 인발저항력(kN/m)
$T_{\max}$: 보강재의 최대유발인장력(kN/m)
α : 크기보정계수(Scale Correction Factor)
비신장성 보강재 α = 1.0
지오그리드 α = 0.8
신장성 시트 α = 0.6
C : 흙/보강재 접촉면의 수
(띠형, 그리드형, 시트형 보강재의 경우 C = 2 적용)
γ : 흙의 단위중량(kN/m^3)

Z_p : 상재성토를 고려한 보강재까지의 깊이(m)(그림 3.23 참조)

L_e : 저항영역 내의 보강재 길이(m)

F^* : 보강재와 흙 사이의 인발저항계수

R_c : 보강재 적용면적비($= b/S_h$)

b : 보강재의 폭(m)

(전체면적에 대해 포설하는 경우 b = 1.0)

S_h : 보강재 중심축 사이의 수평간격(m)

(전체면적에 대해 포설하는 경우 S_h = 1.0)

인발저항력(P_r)의 산정에 필요한 흙-보강재 사이의 인발저항 특성은 공신력 있는 기관 등의 시험결과로 평가하여야 한다. 시험결과가 없다면, 토목섬유 보강재의 경우 $F^* = 0.67\tan\phi_r$ 을 사용할 수 있다(Berg 등, 2009; AASHTO, 2020).

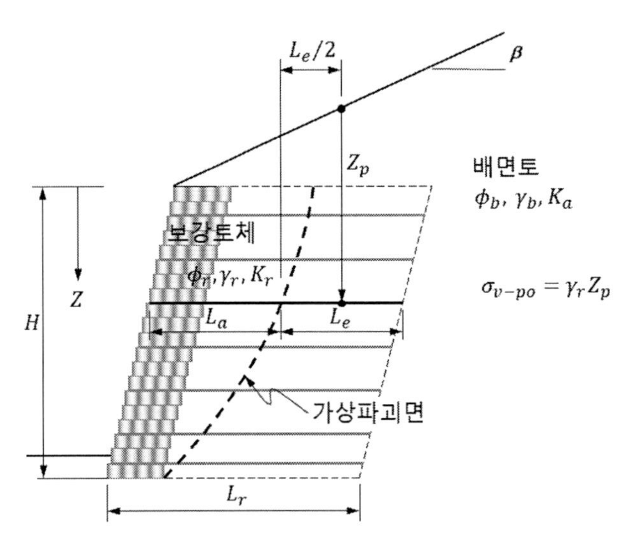

그림 3.23 상부 사면이 있는 경우 인발저항력 산정에 필요한 보강재 위에 작용하는 수직응력의 계산(Berg 등, 2009 수정)

(3) 내적활동에 대한 안정성 검토

지오셀 보강토옹벽의 내적활동은 보강재층을 따라 발생하는 활동파괴로 저면활동과 동일한 메커니즘으로 발생한다. 따라서 내적활동에 대한 안정성은 저면활동에 대한 안

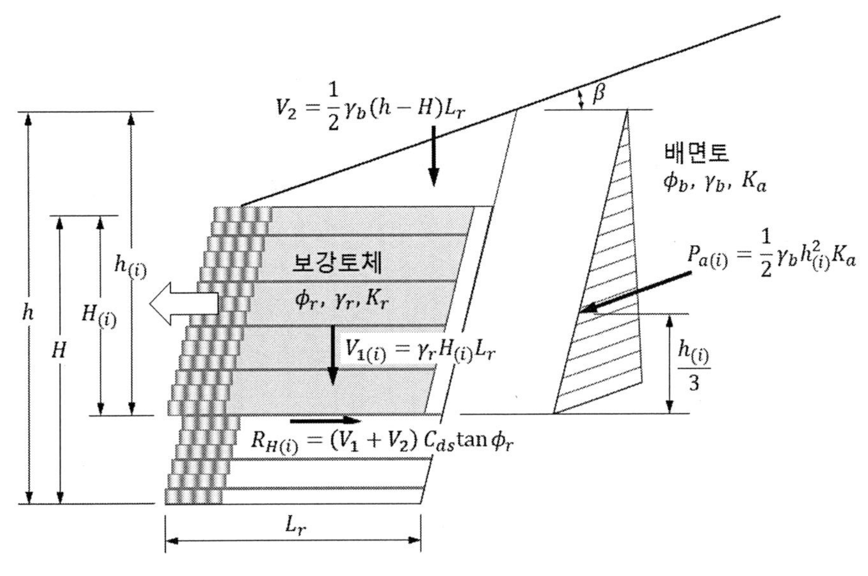

그림 3.24 내적활동에 대한 안정성 검토

정성 검토와 동일하게 다음과 같이 검토할 수 있다.

$$FS_{s(i)} = \frac{R_{H(i)}}{P_{H(i)}} \geq 1.5 \tag{86}$$

$$R_{H(i)} = \Sigma P_{v(i)} C_{ds} \tan\phi_r \tag{87}$$

$$\Sigma P_{v(i)} = V_{1(i)} + V_{2(i)} + P_{aV(i)} + P_{qV(i)} \tag{88}$$

$$P_{H(i)} = F_{TH(i)} = P_{aH(i)} + P_{qH(i)} \tag{89}$$

$$P_{aH(i)} = P_{a(i)} \cos(\delta - \alpha) \tag{90}$$

$$P_{qH(i)} = P_{q(i)} \cos(\delta - \alpha) \tag{91}$$

여기서, $FS_{s(i)}$: 저면활동에 대한 안전율

$R_{H(i)}$: i 번째 보강재층에서 저항력(kN/m)

$P_{H(i)}$: i 번째 보강재층 배면토압에 의한 활동력(kN/m)

$\Sigma P_{v(i)}$: i 번째 보강재층에 작용하는 수직력의 합(kN/m)

C_{ds} : 흙/보강재 접촉면 마찰효율

ϕ_r : 뒤채움흙의 내부마찰각(°)

$V_{1(i)}$: i번째 보강재층 위의 보강토체의 자중(kN/m)

$V_{2(i)}$: 상재성토의 자중(kN/m)

$P_{aV(i)}$: 흙쐐기에 의한 주동토압의 수직성분(kN/m)

$P_{qV(i)}$: 상재하중에 의한 i번째 보강재층 주동토압의 수직성분(kN/m)

$F_{TH(i)}$: i번째 보강재층의 배면토압의 수평성분(kN/m)

$P_{aH(i)}$: i번째 보강재층 배면 흙쐐기에 의한 주동토압의 수평성분 (kN/m)

$P_{qH(i)}$: 상재하중에 의한 i번째 보강재층 주동토압의 수평성분 (kN/m)

$P_{a(i)}$: i번째 보강재층 배면 흙쐐기에 의한 주동토압(kN/m)

$P_{q(i)}$: i번째 보강재층 배면에 작용하는 상재하중에 의한 주동토압(kN/m)

δ : 벽면마찰각(°)

α : 벽면경사(°)

식 (87)에서 C_{ds}는 흙과 보강재 접촉면에서 직접전단(Direct Sliding)이 발생할 때의 접촉면 마찰에 대한 효율로, 흙/보강재 접촉면에 대한 직접전단시험(예, KS K ISO 12957-1, ASTM D 5321)을 통하여 얻을 수 있다(그림 3.25 참조). 시험결과가 없는 경

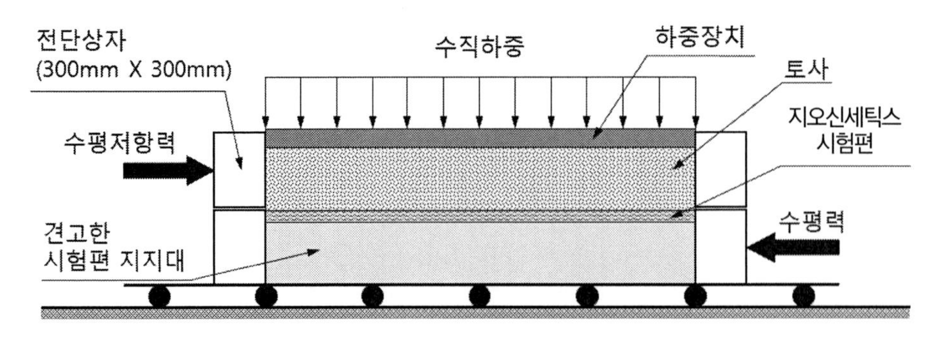

그림 3.25 접촉면 마찰시험(KS K ISO 12957-1)

우에는 지오텍스타일, 지오그리드 등에 대하여 보수적으로 $C_{ds} = 0.67$을 사용할 수 있다(Elias 등, 2001).

(4) 연결부 안정성 검토

가) 연결부 안정성 검토

지오셀/보강재 연결부의 안정성은 다음과 같이 검토할 수 있다.

$$FS_{cs} = \frac{T_{ac}}{T_o} \geq 1.5 \tag{92}$$

여기서, FS_{cs} : 연결부 강도에 대한 안전율

T_{ac} : 지오셀/보강재 장기 연결부 강도(kN/m)

T_o : 연결부에 작용하는 하중(kN/m)

나) 지오셀/보강재 장기 연결부 강도

지오셀 보강토옹벽에서 지오셀/보강재 연결은 지오셀 층과 층 사이에 포설된 보강재와 속채움흙 사이의 마찰저항력에 의존한다. 지오셀/보강재 연결부 강도(T_{ac})는 ASTM D 6638에 따른 연결부 강도 시험(Connection Strength Testing)을 통하여 산정한다. 장기 연결부 강도(Long Term Connection Strength)는 지오셀/보강재 연결부에 대한 연결부 강도 시험 결과를 사용하여 다음과 같이 산정할 수 있다.

$$T_{ac} = \frac{T_{ult} CR_{cr}}{RF_{Dc}} \tag{93}$$

여기서, T_{ac} : 특정 구속하중에서 지오셀/보강재 장기 연결부 강도(kN/m)

T_{ult} : 지오신세틱스 보강재의 극한인장강도(kN/m)

CR_{cr} : 장기 연결부 강도 감소계수

RF_{Dc} : 지오셀/보강재 연결부의 내구성 감소계수(≥1.1)

여기서 연결부의 내구성에 대한 감소계수(RF_{Dc})는 보강토체 내부와 지오셀/보강재 연결부의 주변 환경이 다르기 때문에, 보강재의 장기인장강도(T_l) 산정 시 적용하는 내구성 감소계수(RF_D)와는 다를 수 있다.

장기 연결부 강도 감소계수(Long Term Connection Strength Reduction Ractor, CR_{cr})는 연결부에 대한 장기시험(Long-Term Connection Strength Testing) 또는 단기시험(Short-Term Connection Strength Testing)에 의하여 결정할 수 있다.

(가) 장기 연결부 강도 시험에 의한 장기 연결부 강도 감소계수(CR_{cr}) 산정

장기 연결부 강도 감소계수(CR_{cr})는 FHWA-NHI-10-024/025(Berg 등, 2010)의 부록 B.3에 제시된 장기 연결부 시험 방법(Long Term Connection Strength Testing Protocol)에 따라 수정된 ASTM D 6638의 방법을 사용하여 다음과 같이 결정할 수 있다.

$$CR_{cr} = \frac{T_{crc}}{T_{lot}} \tag{94}$$

여기서, CR_{cr} : 장기 연결부 강도 감소계수

T_{crc} : 장기 연결부 강도 시험에 의하여 산정된 구조물의 설계수명까지 외삽된 연결부 시험 강도(kN/m)

T_{lot} : 연결부 강도 시험에 사용된 보강재의 광폭인장강도(kN/m)

(나) 단기 연결부 강도 시험에 의한 장기 연결부 강도 감소계수(CR_{cr}) 산정

장기 연결부 강도 시험은 최소 1,000시간 이상의 시간이 필요하고 비용 또한 많이 소요되므로, 단기 연결부 강도 시험 결과로부터 장기 연결부 강도 감소계수를 산정할 수 있다. FHWA-NHI-10-024/025(Berg 등, 2010)의 부록 B.4에 따르면 ASTM D 6638에 따른 단기 연결부 강도 시험(Short-Term Connection Strength Testing)으로부터 얻은 특정 구속하중에서의 극한 연결부 시험 강도(Ultimate Connection Test Strength, $T_{ultconn}$)를 사용하여 다음과 같이 장기 연결부 강도 감소계수(CR_{cr})를 산정할 수 있다.

$$CR_{cr} = \frac{CR_u}{RF_{cr}} \tag{95}$$

$$CR_u = \frac{T_{ultconn}}{T_{lot}} \tag{96}$$

여기서, CR_{cr} : 장기 연결부 강도 감소계수

CR_u : 단기 극한 연결부 강도 감소계수 (Short-Term Ultimate Connection Strength Reduction Factor)

RF_{cr} : 보강재의 크리프 감소계수

$T_{ultconn}$: 단기 연결부 강도 시험에 의한 극한 연결부 시험 강도(kN/m)

T_{lot} : 연결부 강도 시험에 사용된 보강재의 극한인장강도(kN/m)

다) 연결부 하중

지오셀과 보강재 연결부 하중은 층별 보강재의 최대유발인장력($T_{\max}$)과 같은 것으로 한다(Elias 등, 2001).

3.2.4.3 지오셀 보강성토사면의 설계

1) 안정성 검토 항목

(1) 지오셀 보강성토사면의 파괴양상

보강성토사면의 전반적인 설계 요구사항은 보강되지 않은 사면에 대한 것과 비슷하게 한계평형(Limit Equilibrium), 허용응력 설계법이 사용되며, 모든 발생 가능한 파괴양상에 대하여 적절한 안전율을 확보하여야 한다(Berg 등, 2010).

지오셀 보강성토사면의 파괴양상은 그림 3.26과 같다.

보강성토사면의 설계는 다음과 같은 보강재의 효과를 고려할 수 있도록 수정한 기존의 한계평형법에 의한 사면안정해석법에 기초할 수 있다(그림 3.27 참조).

① 가상파괴면을 원호 또는 쐐기 형태로 가정한다.

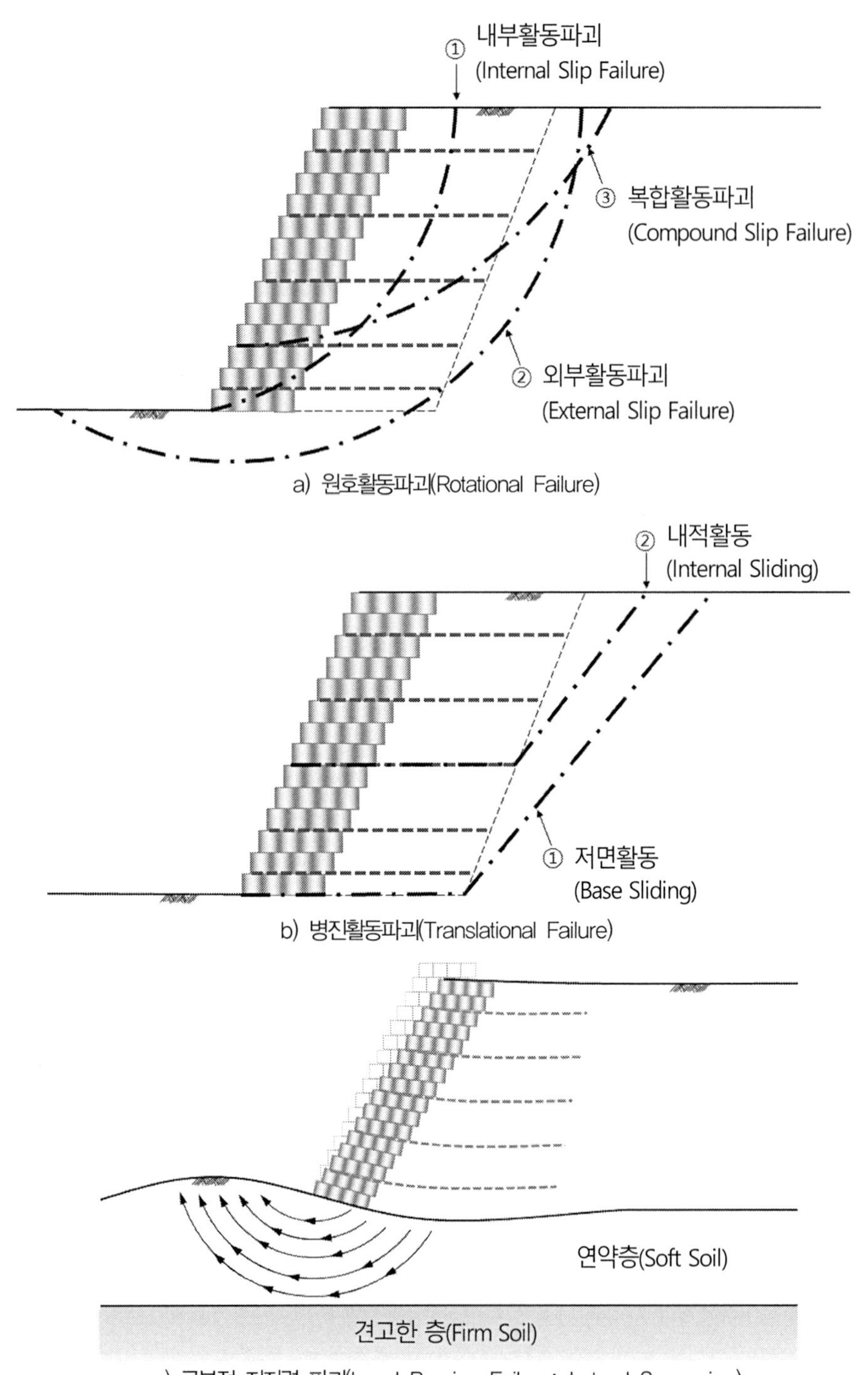

그림 3.26 보강성토사면의 파괴양상

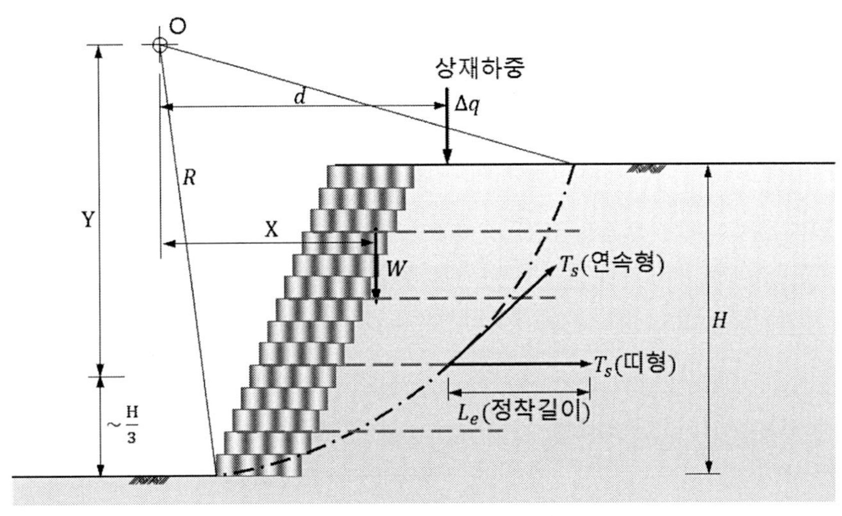

비보강 사면의 안전율 $FS_U = \dfrac{\text{저항모멘트}(M_R)}{\text{활동모멘트}(M_D)} = \dfrac{\int_0^{L_{sp}} \tau_f \cdot R \cdot dL}{W \cdot X + \Delta q \cdot d}$

여기서, W = 활동토체의 자중

L_{sp} = 활동면의 길이

Δq = 상재하중

τ_f = 흙의 전단강도

보강 사면의 안전율 $FS = FS_U + \dfrac{T_s \cdot D}{M_D}$

여기서, T_s = 층별 보강재 인장력의 합

D = 원호의 중심에 대한 T_s 의 모멘트 팔길이

= R : 전면포설형 보강재

= Y : 띠형 보강재

그림 3.27 사면안정해석에서 보강재 효과 고려(Elias 등, 2001; Berg 등, 2010)

② 활동력과 저항력 또는 활동모멘트와 저항모멘트의 관계에 의하여 사면의 안전율을 평가한다.

③ 가상파괴면(Potential Failure Surface)과 교차하는 보강재층은 그 인장력(Tensile Capacity)과 방향에 따라 저항력 또는 저항모멘트를 증가시키는 것으로 가정하며, 이때 보강재의 전단강도(Shear Strength)와 휨강도(Bending Strength)는 일반적으로 고려하지 않는다.

④ 층별 보강재의 인장력은 가상파괴면 뒤쪽의 저항영역 내에 묻힌 보강재의 인발저항력

(Pullout Resistance)과 장기인장강도(T_l) 중 작은 값을 적용한다.

그림 3.26a) 및 b)에서와 같이 다양한 잠재파괴면에 대하여 안정성을 평가하여야 한다. 내적안정성 검토에서 소요 보강재 인장력의 합(ΣT)이 최대가 되는 가상파괴면을 선정하는데, 이 가상파괴면은 저항력(모멘트)과 활동력(모멘트)의 차이가 가장 큰 파괴면이며, 계산된 안전율이 최소인 가상파괴면은 아니다. 소요 보강재 인장력의 합에 따라 보강재를 배치하고 보강된 사면의 안정성을 평가하며, 목표로 하는 안전율을 확보할 때까지 보강재의 배치를 수정한다. 내적안정성 검토에서 확정된 단면에 대하여 외부활동파괴 및 복합활동파괴에 대한 안정성을 평가한다.
보강재 인장력의 작용 방향은 계산된 안전율에 영향을 미친다. 보수적으로 평가하기 위하여 보강재의 변형성(Deformability)은 고려하지 않으며, 단위 폭당 보강재의 인장력은 항상 수평 방향인 것으로 가정한다. 그러나 파괴에 가까워지면, 보강재가 파괴면을 따라서 늘어날 수 있으며, 보강재 인장력 작용 방향을 파괴면의 접선 방향으로 고려할 수 있다(Berg 등, 2010).

(2) 안정성 검토 항목

보강성토사면의 안정성 검토 항목은 보강토옹벽과는 다르다. 일반적으로 사면안정해석에 의한 원호파괴에 대한 안정성 검토와 보강성토사면 하단과 기초지반 사이의 직접전단(Direct Sliding)에 의한 저면활동(Base Sliding)에 대한 안정성 검토가 필요하다. 또한 흙과 보강재 접촉면의 전단강도는 일반적으로 흙의 전단강도보다 작으므로, 보강재층을 따라 발생하는 내적활동(Internal Sliding)에 대한 안정성 검토도 필요하다.
보강성토사면에서는 보강토옹벽과 달리 각 보강재층에 대한 소요인장력(최대유발인장력, $T_{\max}$) 분포가 명확하게 규명되어 있지 않다. 따라서 원호활동 또는 2분할 쐐기법(Two-Part Wedge Method)에 의해 안정성을 확보하는 데 필요한 소요 보강재 인장력의 합의 최댓값($\Sigma T_{\max}$)과 각 층별 보강재 장기인장강도(T_l)의 합의 비로 안정성을 평가한다(그림 3.28 참조).

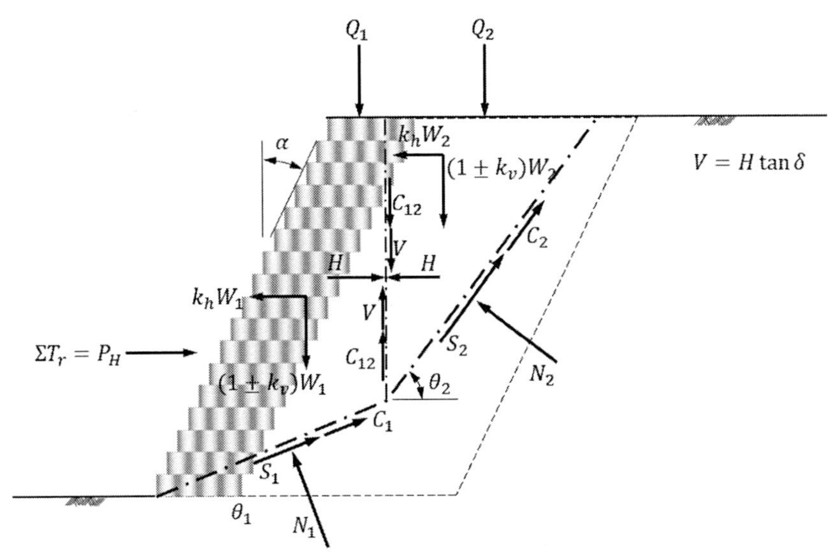

a) 2분할 쐐기 파괴면(Two-Part Wedge Failure Mechanism)

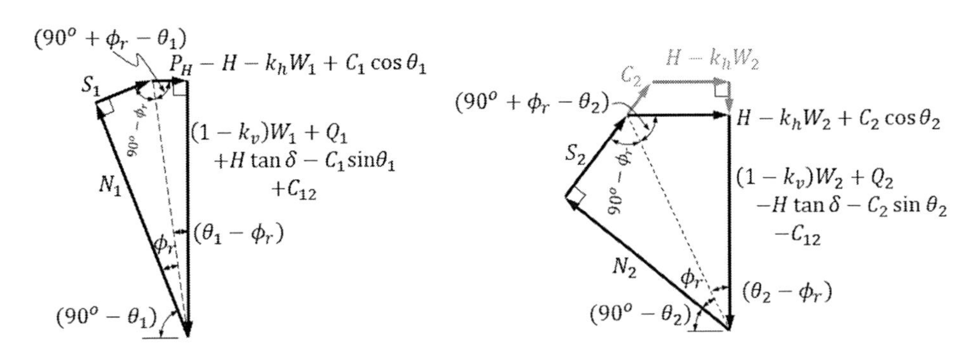

$$H = \frac{[(1 \pm k_v)W_2 + Q_2 - C_{12}] + k_hW_2\left(\frac{1 + \tan\theta_2\tan\phi_r}{\tan\theta_2 - \tan\phi_r}\right) - C_2\left(\frac{1/\cos\theta_2}{\tan\theta_2 - \tan\phi_r}\right)}{\tan\delta + \left(\frac{1 + \tan\theta_2\tan\phi_r}{\tan\theta_2 - \tan\phi_r}\right)}$$

$$P_H = H + k_hW_1 + \frac{[(1 \pm k_v)W_1 + Q_1 + H\tan\delta + C_{12}](\tan\theta_1 - \tan\phi_r) - C_1/\cos\theta_1}{1 + \tan\theta_1\tan\phi_r}$$

b) 힘의 다각형

그림 3.28 2분할 쐐기 파괴면

(3) 설계기준 안전율

보강성토사면의 설계기준 안전율은 표 3.8과 같다.

표 3.8 지오셀 보강성토사면의 설계기준 안전율

구분		평상시	지진 시	비고
원호활동파괴 (Rotational Failure)	내부활동	1.5	1.1	
	복합활동			복합안정성
	외부활동			전체안정성
병진활동파괴 (Translational Failure)	저면활동	1.5	1.1	
	내적활동			
국부적 지지력 파괴		1.3	1.1	필요시
내적안정성	소요 보강재 인장력주1)	1.5	1.1	토목섬유 보강재

주1) 소요 보강재 인장력에 대한 안정성은 원호활동 또는 2분할 쐐기법에 의하여 산출된 소요 보강재 인장력의 합의 최댓값(ΣT_{max})에 대한 보강재 장기인장강도의 합(ΣT_l)의 비로 평가한다.

2) 보강재 소요인장강도에 대한 평가

보강성토사면의 안정성 검토는 그림 3.28과 같은 2분할 쐐기법을 사용하며, 2분할 쐐기법을 사용할 때의 장점은 다음과 같다(HA 68/94).

① 2개의 쐐기의 분할면이 수직이고, 마찰각 $\delta = 0$ 이면 항상 안전측의 결과를 제공한다.

② 마찰각 δ의 값을 조정함으로써 좀 더 정확한 결과를 얻을 수 있다.

③ 수 계산으로 간편하게 평가할 수 있다(대수나선 파괴면의 경우 수 계산은 불가).

④ 2분할 쐐기법은 보강재층을 따른 활동에 대한 안정성을 평가하기에 더 적합한 모델이다.

⑤ 2분할 쐐기법은 직관적이다.

2분할 쐐기의 안정성을 확보하기 위해 필요한 보강재 인장력(ΣT_r)은 다음과 같이 계산할 수 있다.

$$\Sigma T_r = P_H = H + k_h W_1 + \frac{[(1 \pm k_v) W_1 + Q_1 + H\tan\delta + C_{12}](\tan\theta_1 - \tan\phi_r) - \dfrac{C_1}{\cos\theta_1}}{1 + \tan\theta_1 \tan\phi_r} \quad (97)$$

$$H = \frac{[(1 \pm k_v) W_2 + Q_2 - C_{12}] + k_h W_2 \left(\dfrac{1 + \tan\theta_2 \tan\phi_r}{\tan\theta_2 - \tan\phi_r} \right) - C_2 \left(\dfrac{1/\cos\theta_2}{\tan\theta_2 - \tan\phi_r} \right)}{\tan\delta + \dfrac{1 + \tan\theta_2 \tan\phi_r}{\tan\theta_2 - \tan\phi_r}} \quad (98)$$

여기서, ΣT_r : 소요 보강재 인장력의 합(kN/m)

P_H : 수평력(kN/m)

H : 쐐기 사이에 작용하는 수평력(kN/m)

k_h, k_v : 수평 및 수직 방향 지진가속도계수

W_1, W_2 : 쐐기1 및 쐐기2의 무게(kN/m)

Q_1, Q_2 : 쐐기1 및 쐐기2 위에 작용하는 상재하중(kN/m)

δ : 쐐기 사이에 작용하는 힘의 작용 방향(°)

C_{12} : 쐐기 사이에 작용하는 점착력(kN/m)

θ_1, θ_2 : 쐐기의 경사각(°)

ϕ_r : 흙의 내부마찰각(°)

C_1, C_2 : 쐐기1 및 쐐기2에 작용하는 점착력(kN/m)

흙의 점착력을 고려하지 않으면, 식 (97) 및 (98)은 다음과 같이 쓸 수 있다.

$$\Sigma T_r = P_H = H + k_h W_1 + \frac{[(1 \pm k_v) W_1 + Q_1 + H\tan\delta](\tan\theta_1 - \tan\phi_r)}{1 + \tan\theta_1 \tan\phi_r} \quad (97a)$$

$$H = \frac{[(1 \pm k_v) W_2 + Q_2] + k_h W_2 \left(\dfrac{1 + \tan\theta_2 \tan\phi_r}{\tan\theta_2 - \tan\phi_r} \right)}{\tan\delta + \dfrac{1 + \tan\theta_2 \tan\phi_r}{\tan\theta_2 - \tan\phi_r}} \quad (98a)$$

흙쐐기 사이 작용력의 작용 방향(δ)은 $0 \le \delta \le \phi_r$ 범위의 값이다. Jewell(1990)은 2분할 쐐기 파괴 메커니즘(Two-Part Wedge Failure Mechanism)에서 $\delta = \phi_r$를 사용하면 대수나선 파괴 메커니즘에 의한 안전율보다 더 작은 안전율 값을 나타내며, $\delta = 0$을 적용하면 5~10% 정도 안전측으로 계산된다는 것을 발견하였다(Ismeik와 Guler, 1998). HA 68/94에 따르면 $\delta = 0$을 적용하면 항상 안전측이며, $\delta = \phi_r$를 적용하면 항상 불안전측이지만, $\delta = \phi_r/2$를 적용하면 다른 해석결과와 비교할 때 대부분 합리적인 결과를 제공해 준다.

보강재 소요인장강도($\Sigma T_{\max}$)는 그림 3.28a)의 θ_1 및 θ_2를 다양하게 변화시키면서 식 (97) 및 (98)을 사용하여 얻은 ΣT_r의 최댓값을 취한다.

보강재 소요인장강도($\Sigma T_{\max}$)에 근거하여 보강재 최대수직간격과 장기인장강도(T_l)를 고려하여 보강재를 배치하고, 보강재 소요인장강도에 대한 안정성은 보강재 소요인장강도($\Sigma T_{\max}$)에 대한 층별 보강재 장기인장강도의 합(ΣT_l)의 비율로 다음과 같이 평가할 수 있다.

$$\frac{\Sigma T_l}{\Sigma T_{\max}} \ge 1.5 \tag{99}$$

상기 식 (99)에 의하여 평가한 안전율이 목표로 하는 안전율을 만족시키지 못하면, 목표로 하는 안전율을 만족할 때까지 보강재 강도 및 간격을 조정한다.

3) 병진활동파괴에 대한 안정성 검토

병진활동파괴(Translational Failure)는 보강토체와 기초지반 사이 또는 보강재층을 따라서 발생하는 저면활동(Base Sliding) 또는 내적활동(Internal Sliding)파괴로 층별 보강재의 길이를 결정할 수 있다.

병진활동파괴에 대한 안정성은 다음과 같이 평가할 수 있다(그림 3.29 참조).

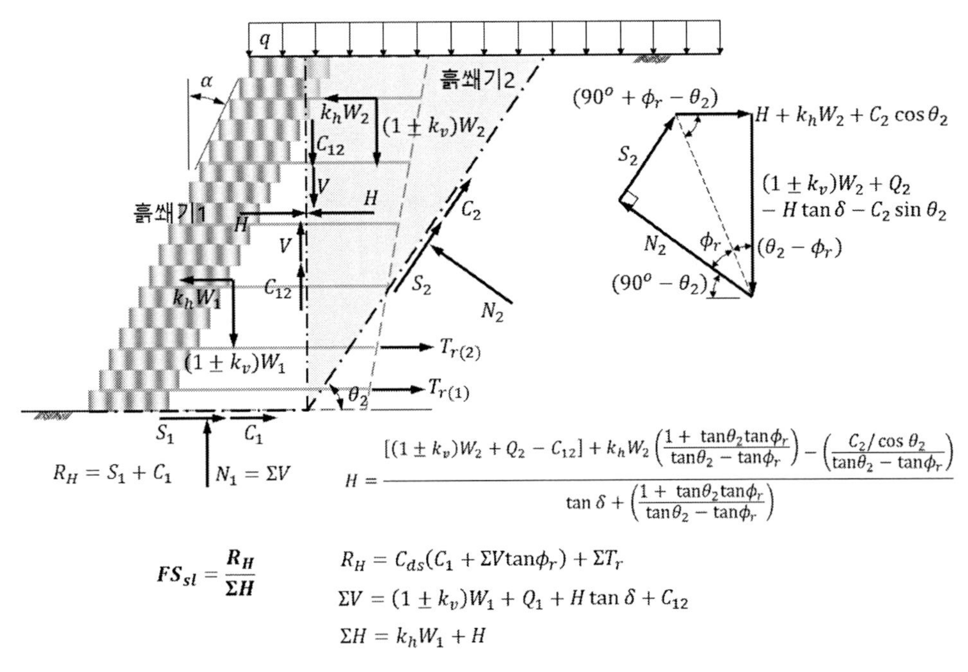

그림 3.29 병진활동파괴(Translational Failure)에 대한 안정성 검토

$$FS_{sl} = \frac{R_H}{\Sigma H} \geq 1.5 \tag{100}$$

$$R_H = C_{ds}(C_1 + \Sigma V \tan\phi_r) + \Sigma T_r \tag{101}$$

$$\Sigma V = (1 \pm k_v) W_1 + Q_1 + H \tan\delta + C_{12} \tag{102}$$

$$\Sigma H = k_h W_1 + H \tag{103}$$

여기서, FS_{sl} : 병진활동파괴에 대한 안전율

R_H : 활동에 대한 저항력(kN/m)

ΣH : 수평력의 합(kN/m)

C_{ds} : 흙/보강재 접촉면 마찰효율

C_1 : 쐐기1 저면의 점착력(kN/m)

ΣV : 수직력의 합(kN/m)

ϕ_r : 흙의 내부마찰각(°)

ΣT_r : 층별 보강재 인장력의 합(kN/m)

k_v, k_h : 수직 및 수평 방향 지진가속도계수

W_1, W_2 : 흙쐐기1 및 흙쐐기2의 무게(kN/m)

Q_1 : 흙쐐기1에 작용하는 상재하중(kN/m)

H : 흙쐐기 사이 경계면에 작용하는 수평력(kN/m)

δ : 흙쐐기 사이에 작용하는 하중의 작용 방향(°)

C_{12} : 쐐기 사이 경계면에 작용하는 점착력(kN/m)

식 (102) 및 (103)에서 H는 앞의 식 (98) 또는 (98a)를 사용하여 계산할 수 있다. 식 (101)에서 C_{ds}는 흙과 보강재 사이 접촉면 마찰효율로 Jewell(1990)은 $C_{ds} = 0.8$을 제안하였다.

4) 원호활동파괴(Rotational Failure)에 대한 안정성 검토

보강성토사면의 원호활동파괴에 대한 안정성은 보강재의 효과를 고려할 수 있도록 수정된 사면안정해석법을 사용하여 평가할 수 있으며, 상용 사면안정해석 프로그램(예, TLREN, Slope/W 등)을 사용하여 수행할 수 있다.

보강재의 효과를 고려할 수 있도록 수정된 사면안정해석법의 한 예로, 김경모 등(2005)은 그림 3.30에서와 같은 활동토체에 대하여 힘과 모멘트의 평형방정식을 모두 만족할 수 있는 사면안정성에 대한 방정식을 다음과 같이 제안하였다.

모멘트 평형방정식으로부터

$$F_m = \frac{\Sigma\{c'l + (P - ul)\tan\phi'\}R}{\Sigma Wd - \Sigma Pf + \Sigma T_N f - \Sigma T_T R} \tag{104}$$

$$P = \left\{W + (X_R - X_L) + T_N\cos\alpha - T_T\sin\alpha - \frac{1}{F}(c'l\sin\alpha - ul\tan\phi'\sin\alpha)\right\}/m_\alpha \tag{105}$$

$$m_\alpha = \cos\alpha\left(1 + \tan\alpha\frac{\tan\phi'}{F}\right) \tag{106}$$

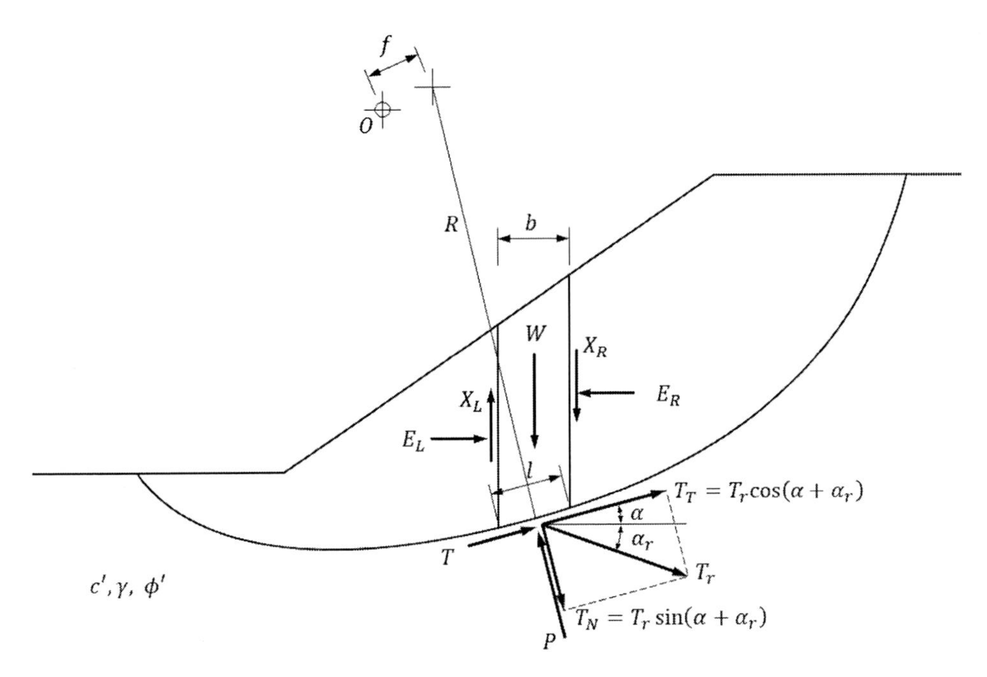

그림 3.30 활동토체에 작용하는 힘(김경모 등, 2005)

여기서, F_m : 모멘트 평형방정식에 의한 사면안전율

c' : 흙의 유효점착력(kPa)

l : 절편 바닥면의 길이(m)

P : 절편 바닥면에 작용하는 수직력(kN/m)

u : 절편 바닥면에 작용하는 수압(kPa)

ϕ' : 흙의 내부마찰각(°)

R : 활동면의 반경(m)

W : 절편의 무게(kN/m)

d : 활동면의 중심에서 절편의 무게 중심까지의 거리(m)

f : 활동면의 중심에 대한 P의 모멘트 팔길이(m)

T_N: 활동면에 수직한 방향의 보강재 인장력(kN/m)

T_T: 활동면에 접선 방향의 보강재 인장력(kN/m)

X_R, X_L : 절편들 사이의 전단력(kN/m)

α : 수평면에 대한 절편 바닥면의 기울기(°)

F : 안전율

m_α : Bishop의 간편법에서 사용하는 계수(식 (106) 참조)

원호활동면인 경우, $f=0$이고 $d=R\sin\alpha$(R은 상수)이므로, 식 (104)는 다음과 같이 표현된다.

$$F_m = \frac{\Sigma\{c'l + (P-ul)\tan\phi'\}}{\Sigma(W\sin\alpha - T_T)} \tag{104a}$$

힘의 평형방정식으로부터

$$F_f = \frac{\Sigma\{c'l + (P-ul)\tan\phi'\}\cos\alpha}{\Sigma P\sin\alpha - \Sigma T_N\sin\alpha - \Sigma T_T\cos\alpha} \tag{107}$$

식 (104)와 (107)의 F_m과 F_f를 얻기 위해서는 P를 알아야 하며, P를 알기 위해서는 절편들 사이의 전단력 X_R과 X_L을 알아야 한다. 여기서 미지수의 수가 방정식의 수보다 많으므로 적절한 가정이 필요하며, 일반적으로 절편들 사이의 힘에 대하여 다음과 같이 가정할 수 있다.

$$X_R - X_L = 0 \quad \text{Bishop(1955)} \tag{108a}$$

$$\frac{X}{E} = constant \quad \text{Spencer(1967)} \tag{108b}$$

$$\frac{X}{E} = \lambda f(x) \quad \text{Morgenstern과 Price(1965)} \tag{108c}$$

5) 국부적 지지력 파괴에 대한 안정성 검토

보강성토사면 하부에 연약층이 존재하고, 연약층의 두께(D_s)가 사면의 길이(b')보다 작을 때 발생하는 측방압착(Lateral Squeezing)에 의한 국부적 지지력 파괴(Local

Bearing Failure)에 대한 안정성은 다음과 같이 평가할 수 있다(Elias 등, 2001).

$$FS_{squeezing} = \frac{2c_u}{\gamma D_s \tan\theta} + \frac{4.14c_u}{H\gamma} \geq 1.3 \tag{109}$$

여기서, $FS_{squeezing}$: 국부적 지지력 파괴에 대한 안전율

c_u : 연약층의 점착력(kPa)

γ : 사면의 단위중량(kN/m^3)

D_s : 사면 하부 연약층의 두께(m)

θ : 사면경사(°)

H : 사면의 높이(m)

위 식은 간편한 방법이기는 하지만, 약간 보수적인 결과를 제공하고 보강재의 효과를 고려할 수 없으므로 적용할 때 주의가 필요하며, 보강재의 효과를 고려한 사면안정해석과 같은 좀 더 엄밀한 해석이 요구된다. 연약층의 깊이(D_s)가 사면의 길이(b')보다 클 때는 측방압착에 의한 국부적 지지력 파괴보다는 전반 지지력 파괴(General Bearing Failure) 또는 사면활동에 의한 파괴가 우세할 수 있으므로, 보강재의 효과를 고려한 사

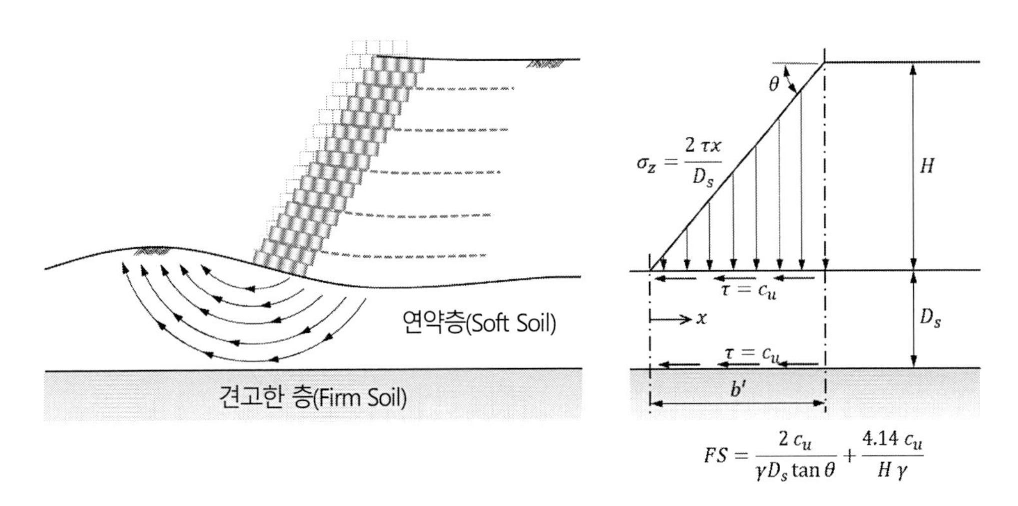

그림 3.31 측방압착에 의한 국부적 지지력 파괴에 대한 안정성 검토(Elias 등, 2001)

면안정해석을 수행하여야 한다.

6) 보강성토사면의 설계 순서

(1) **1단계** : 기하형상, 하중, 성능 기준 등 결정

① 보강성토사면의 기하형상

보강성토사면의 높이(H), 보강성토사면의 벽면경사(α), 상재성토고(H_s), 상재성토사면 경사(β)

② 상재하중 : 등분포 사하중, 등분포 활하중, 띠하중, 선하중 등

③ 기준안전율 설정 : 보강재 인장력, 원호활동, 병진활동 등

(2) 원지반 흙의 공학적 특성 결정

지층 구성, 각 지층별 흙의 단위중량(γ_f), 내부마찰각(ϕ_f), 점착력(c_f)

(3) 성토재의 공학적 특성 결정

보강토체의 단위중량(γ_r), 내부마찰각(ϕ_r) 결정

필요시 배면토의 단위중량(γ_b), 내부마찰각(ϕ_b) 결정

(4) 보강재의 특성 결정(보강재 종류별 장기인장강도 결정)

① 보강재의 장기인장강도 : $T_l = T_{ult}/(RF_D RF_{ID} RF_{CR})$

② 흙/보강재 마찰특성 결정(보통 C_{ds} = 0.8, C_i = 0.67)

(5) 비보강사면의 안정성 검토

원호활동 또는 2분할 쐐기 파괴면에 대한 안정성 검토를 통하여 보강 필요 여부 판단

(6) 보강재 배치(소요 보강재 인장강도 및 길이 결정)

보강이 필요한 경우,

① 2분할 쐐기법에 의한 소요 보강재 인장력 평가 및 보강재 배치(강도 및 간격)

② 병진활동파괴에 대한 안정성 평가를 통해 보강재 길이 결정

(7) 외적안정성 검토

① 사면안정해석에 의해 복합활동 및 외부활동에 대한 안정성 검토

(8) 지진 시 안정성 검토

① 지진 시 소요 보강재 인장강도에 대한 안정성 평가

② 지진 시 병진활동파괴에 대한 안정성 평가

③ 지진 시 원호활동파괴에 대한 안정성 평가

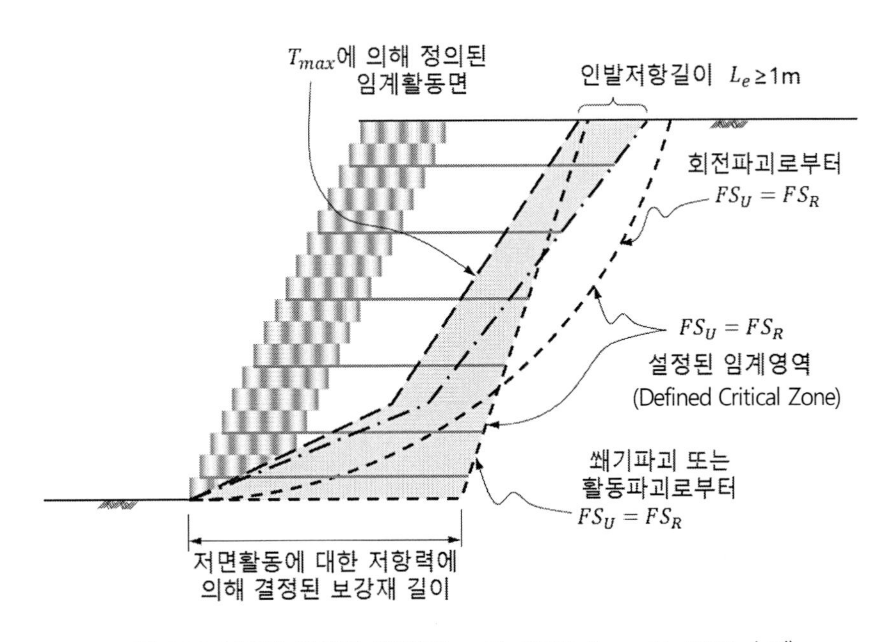

그림 3.32 보강재 길이의 결정(Elias 등, 2001; Berg 등, 2010 수정)

3.3 사면보호

3.3.1 개요

지오셀을 이용한 사면 표층보호공법은 성토사면의 표층 식재, 골재채움 및 콘크리트 채움 등을 통해 사면표층의 침식에 대한 안정성 및 보호층을 조성하는 공법으로, 강우나 수리하중에 의한 침식발생을 제어하거나, 사면표층의 역학적 안정성을 확보하기 위해 적용된다. 일반적인 성토사면, 절토사면의 표층 녹화, 지오멤브레인 라이너의 보호층 그리고 호안의 침식방지 등을 위해 적용되고 있다. 셀 채움재와 원지반 사이의 전단저항, 보강로프의 인장력, 콘크리트 채움에 의한 고정력, 고정말뚝 등의 저항력 등에 의해 안정성을 확보하는 방식을 취하고 있다. 지오셀의 사면보호공법 설계는 안정성을 만족하기까지 각 저항력에 대한 순차적 적용을 통해 결정된다.

3.3.2 안정성 검토 절차

지오셀이 적용된 사면보호의 설계는 다음의 절차로 진행된다. 기본적으로 지오셀의 속채움재와 원지반 사이의 전단저항력을 산출하여 자중 등에 의한 작용력에 대해 안정성을 확인하고, 필요시 추가적으로 고정말뚝과 보강로프의 보강력을 추가하는 방식으로 지오셀 층의 안정성을 확보한다.

① 지오셀이 적용되는 사면의 구조와 하중 관계, 사용한 지오셀의 규격을 결정

② 지오셀의 속채움재와 원지반 사이의 전단저항력과 사면활동력 사이의 역학관계를 산출하고, 안전율을 고려하여 안정성 확인

③ 고정 저항력을 알고 있는 말뚝의 적용을 더하여 활동력에 대한 저항력이 충분한지 확인

④ 고정말뚝의 설치 밀도를 높이거나 말뚝의 저항력이 큰 것으로 교체 적용한 후 안정성 확인

⑤ 위의 항목으로 안정성이 확보되지 않은 경우, 보강로프의 사용을 검토하여 안정성 확인

3.3.3 작용력과 저항력의 산출

지오셀이 적용될 사면의 구조를 그림 3.33과 같이 가정하면, 이때 사면에서 하중 관계는 그림의 기호와 같으며, 각 기호의 의미는 표 3.9와 같다.

표 3.9 안전율 값

안전율	고려된 저항력	값	비고
$FS_{(sl)}$	전단저항력	1.0~2.0	
$FS_{(sl,\ st)}$	전단저항력 + 말뚝 고정력	1.0~2.0	
$FS_{Max(sl,\ cr)}$	전단저항력 + 지오셀 인장력	1.0~2.0	
$FS_{Max(sl,\ st,\ cr)}$	전단저항력 + 말뚝 고정력 + 지오셀 인장력	1.0~2.0	
$FS_{Max(sl,\ st,\ te,\ cr)}$	전단저항력 + 말뚝 고정력 + 지오셀 인장력 + 보강로프 인장력	1.0~2.0	
$FS_{(Overall)}$	사면표층에 대한 전체 안전율	1.2~3.0	

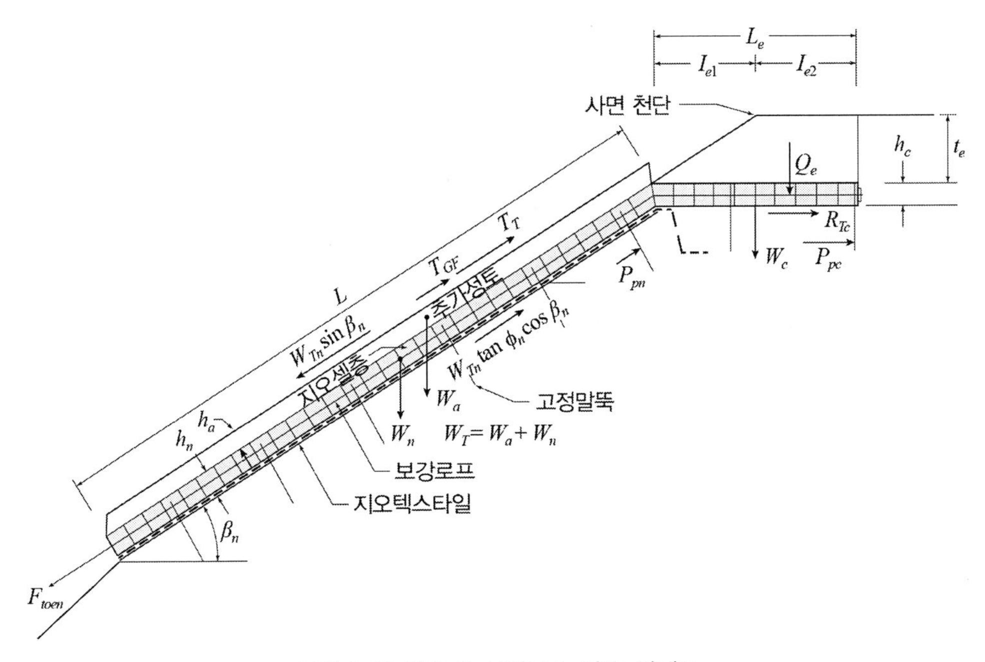

그림 3.33 지오셀 사면보호 하중 관계도

3.3.3.1 사면 구조와 자중 계산

1) 사면각(z_n, H:1V)

$$\beta_n = \arctan\frac{1}{z_n} \tag{110}$$

여기서, β_n : 사면기울기(°)

2) 지오셀 속채움재의 자중, W_n(kN/m)

$$W_n = L_n h_n \gamma_n \tag{111}$$

여기서, L_n : 지오셀 설치 사면길이(m)

h_n : 지오셀 높이(두께)(m)

γ_n : 지오셀 속채움재의 단위중량(kN/m³)

3) 지오셀 상부 복토층의 자중, W_a(kN/m)

$$W_a = L_a h_a \gamma_a \tag{112}$$

여기서, L_a : 지오셀 상부층 사면길이(m)

h_a : 지오셀 상부층 두께(m)

γ_a : 지오셀 상부층 토사의 단위중량(kN/m³)

4) 지오셀 보호 사면표층에 작용하는 총 하중, W_{Tn}(kN/m)

$$W_{Tn} = W_n + W_a \tag{113}$$

3.3.3.2 지오셀의 인장력 결정

1) 지오셀의 허용인장강도, T_{GFn}(kN/m)

$$T_{GFn} = \frac{h_n}{d_G} \times \frac{b_G}{b_n} \times T_G \tag{114}$$

여기서, h_n : 지오셀 높이(두께)(m)

d_G : 표준 지오셀 높이(m)

b_n : 규정된 지오셀의 셀 크기(m)

b_G : 표준 지오셀 크기(m)

T_G : 지오셀의 인장강도(kN/m)

예를 들어 HDPE 재질의 지오셀이 높이(d_G) 200mm, 셀 공칭 직경(b_G) 200mm인 경우, 2.92kN/m값을 적용하고 있다.

3.3.3.3 전단저항력에 의한 안정성 검토

1) 표층의 자중과 선단영역의 하중(F_{Dn}, kN/m)에 의한 전체활동력

$$F_{Dn} = W_{Tn} \sin\beta_n + F_{toen} \tag{115}$$

여기서, W_{Tn} : 지오셀 설치 사면의 총 자중(kN/m)

β_n : 지오셀 설치 사면의 기울기(°)

F_{toen} : 지오셀이 설치되지 않은 선단(toe)에 의한 하중(kN/m)

요소(n-1)의 선단하중(F_{toen})은

$$F_{toen} = FS_D \times (F_{D(n-1)} - (F_{toen(n-1)}) - R_{S(n-1)} + F_{toen(n-1)})$$

만약 $F_{toen} < 0$이면, $F_{toen} = 0$임

2) 지오셀 설치 사면의 전단저항력, R_{Sn}(kN/m)

$$R_{Sn} = W_{Tn} \tan\phi_n \cos\beta_n \tag{116}$$

여기서, W_{Tn} : 지오셀 설치 사면의 총 자중(kN/m)

ϕ_n : 셀 속채움재와 하부층(지오텍스타일 또는 지반) 사이의 마찰각(°)

β_n : 사면기울기(°)

3) 활동(Sliding)에 대한 안전율(사면 산마루 고정력이 없는 경우)

$$FS_{(sh)n} = \frac{R_{sn}}{F_{Dn}} \tag{117}$$

4) 활동에 대한 안전율(사면 산마루에 고정 저항력이 있는 경우)

$$FS_{(sh)n} = \frac{R_{sn} + T_{GFn}}{F_{Dn}} \tag{118}$$

만약 $FS_{(sh)n} > FS_D$이면 고정말뚝이나 보강로프가 필요 없으며, $FS_{(sh)n} < FS_D$이면 고정말뚝이나 보강로프 등 보강시스템의 적용을 검토해야 한다.

3.3.3.4 고정말뚝 저항력에 의한 안정성 검토

고정말뚝에 의한 저항력은 말뚝의 제원과 설치 밀도에 따라 달라진다. 또한 사용하는 지오셀의 높이에 따라 고정말뚝의 근입길이도 결정되므로, 다음의 절차에 따라 고정말뚝 1개에 의해 발휘되는 저항력을 산출하고, 지오셀 설치 사면에 포설되는 말뚝의 개수에 의해 발현되는 총 저항력을 산출하여 안정성을 확인하게 된다.

1) 수동토압계수, K_{pn}

$$K_{pn} = \frac{1+\sin\phi_{fn}}{1-\sin\phi_{fn}} \tag{119}$$

여기서, ϕ_{fn} : 지오셀 설치 사면 하부 지반의 내부마찰각(°)

2) 고정말뚝의 저항길이

$$l_{bn} = l_n - h_n \tag{120}$$

여기서, l_{bn} : 고정말뚝의 저항(근입)길이(m)
l_n : 고정말뚝의 전체 길이(m)
h_n : 지오셀 높이(두께)(m)

전체 말뚝 길이에서 사용된 지오셀 높이를 제외하고, 지오셀 층 하부에 근입된 말뚝의 길이만을 고려한다.

3) 고정말뚝에 의한 수동저항력, P_{pn}(kN)

$$P_{pn} = d_n\left(0.5K_{pn}\gamma_{fn}l_{bn}^2 + 2c_{fn}\sqrt{K_{pn}}\,l_{bn}\right) \tag{121}$$

여기서, d_n : 고정말뚝의 직경(m)
K_{pn} : 지오셀 설치 지반의 수동토압계수
γ_{fn} : 지반의 단위중량(kN/m³)
l_{bn} : 고정말뚝의 저항(근입)길이(m)
c_{fn} : 지반의 점착력(kPa)

만약 고정말뚝의 저항력이 현장 실험값 등으로 제시된 경우라면, 해당 값을 적용한다.

4) 지오셀 설치 사면에 사용된 고정말뚝의 개수

$$N_m = \frac{L_n}{x_n} \tag{122}$$

여기서, N_m : 고정말뚝의 개수

L_n : 지오셀 설치 사면길이(m)

x_n : 사면길이 방향 고정말뚝 설치간격(m)

5) 고정말뚝에 의한 단위 사면 폭당 저항력, R_{pn}(kN/m)

$$R_{pn} = \frac{P_{pn} \times N_m}{y_n} \tag{123}$$

여기서, P_{pn}: 고정말뚝에 의한 수동저항력(kN)

N_m: 고정말뚝의 개수

y_n : 고정말뚝의 사면 수평 방향 간격(m)

3.3.3.5 고정말뚝 최대간격 결정

1) 지오셀 설치 사면 활동력, F_{Nn}(kN/m^2)

$$F_{Nn} = \frac{W_{Tn}}{L_n}\sin\beta_n - \frac{W_{Tn}}{L_n}\cos\beta_n\tan\phi_n + F_{toen} \tag{124}$$

2) 말뚝 고정 없이 설치 가능한 지오셀 사면의 최대 설치 길이, L_{Gn}(m)

$$L_{Gn} = \frac{T_{GFn}}{F_{Nn}} \tag{125}$$

여기서, T_{GFn} : 지오셀 섹션의 단위 폭당 허용인장력(kN/m)

만약 $F_{Nn} \le 0$이면 제한 없음

3.3.3.6 전단저항력과 고정말뚝 저항력을 함께 고려한 안정성 검토

1) 전단저항과 고정말뚝 저항에 의한 저항력, R_{ssn}(kN/m)

$$R_{ssn} = R_{sn} + R_{pn} \tag{126}$$

2) 안전율 - 산마루/선단영역에서의 저항과 보강로프를 고려하지 않은 경우

$$FS_{(sh,st)n} = \frac{R_{ssn}}{F_{Dn}} \tag{127}$$

여기서, F_{Dn} : 사면의 전체활동력(kN/m)

3) 지오셀이 산마루 고정력과 선단 저항영역까지 연장된 경우, 최대 안전율

$$FS_{(sh,st,cr)n} = \frac{T_{GFn} + R_{ssn}}{F_{Dn}} \tag{128}$$

만약 $FS_{(sh,st)n} > FS_D$이면 보강로프가 필요 없고, $FS_{(sh,st)n} < FS_D$이면 말뚝 저항력을 높이기 위해 말뚝 길이나 설치 밀도를 높여야 한다. 만약 $FS_{(sh,st)n} < FS_D$이고

$FS_{(sh,st,cr)n} > FS_D$ 인 경우, 일차적으로 산마루 고정저항을 추가해야 한다. 그럼에도 안정성이 확보되지 않으면, 고정말뚝의 추가사용을 고려한다.

3.3.3.7 보강로프의 인장강도 결정

보강로프는 사면 수평 방향 폭에 단위 m당 1개씩 사용하는 것을 기준으로 하고, 보강로프 인장강도의 결정은 단위 m에 대해 산출하여 결정한다.

1) 보강로프의 인장강도, T_T(kN)

$$T_T = \frac{T_u \times N_s}{FS_T} \tag{129}$$

여기서, T_u : 보강로프의 인장강도(kN)

N_s : 보강로프 설치 구멍에 삽입한 총 보강로프 수(즉, 매 1m당 보강로프 삽입 구멍이 있으므로, 보강로프 수/m와 같은 의미)

FS_T : 보강로프에 대한 안전율

2) 허용 가능한 보강로프의 인장강도, R_T(kN/m)

$$R_T = \frac{T_T}{s} \tag{130}$$

여기서, T_T : 보강로프의 인장강도(kN)

s : 보강로프 수평 설치간격(m)

3.3.3.8 전단저항, 말뚝저항 및 보강로프 저항에 의한 안정성 검토

1) 지오셀 산마루 고정단의 저항, 선단영역 저항과 보강로프의 인장강도에 의한 최대 안전율

$$FS_{(sh,st,te,cr)n} = \frac{T_{GFn} + R_{ssn} + R_T}{F_{Dn}} \tag{131}$$

만약 $FS_{(sh,st,te,cr)n} < FS_D$이면 말뚝 저항력을 키우거나 보강로프의 인장력을 키우고, $FS_{(sh,st,te,cr)n} > FS_D$이면 산마루 고정 저항력으로만 충분하다고 판단한다.

3.3.3.9 지오셀 산마루 고정단의 저항력

1) 지오셀 자중과 선단영역 하중에 의한 활동력, F_{Dc}

지오셀 산마루 고정단이 수평이므로 활동력은 선단영역에 의해서 발현되는 하중, F_{toec}임

$$F_{Dc} = F_{toec} \tag{132}$$

선단영역 $(n-1)$에 의한 하중은, F_{toec}(kN/m)

$$F_{toec} = (FS_D \times (F_{D2} - F_{toe(n-1)})) - R_{ss1} + F_{toe(n-1)} \tag{133}$$

2) 지오셀 산마루 고정단 앞부분의 길이, l_{e1}(m)

$$l_{e1} = \frac{(t_e + h_c) \times \cos\beta}{\sin\beta} \tag{134}$$

여기서, β : 사면기울기(°)

3) 지오셀 산마루 고정단 뒷부분의 길이, l_{e2}(m)

$$l_{e2} = l_e - l_{e1} \tag{135}$$

4) 지오셀 산마루 고정단 상부 상재하중, Q_e(kN/m)

$$Q_e = 0.5 l_{e1}^2 \tan\beta \gamma_e + l_{e2}^2 (t_e + h_c) \gamma_e + 0.5 (\frac{h_c^2}{\tan\beta}) \gamma_c \tag{136}$$

5) 지오셀 산마루 고정단의 전단저항력, R_{sc}(kN/m)

$$R_{sc} = Q_e \tan\phi_e \tag{137}$$

6) 전단저항력에 의한 산마루 고정단의 안전율

$$FS_{(sh)c} = \frac{R_{sc}}{F_{Dc}} \tag{138}$$

3.3.3.10 지오셀 산마루 고정단의 고정말뚝에 의한 저항력

1) 수동토압계수, K_{pc}

$$K_{pc} = \frac{1 + \sin\phi_{fc}}{1 - \sin\phi_{fc}} \tag{139}$$

2) 고정말뚝의 저항길이, l_{bc}(m)

$$l_{bc} = l_c - h_c \tag{140}$$

3) 고정말뚝에 의한 수동저항력, P_{pc}(kN)

$$P_{pc} = d_c (0.5 K_{pc} \gamma_{fc} l_{bcn}^2 + 2 c_{fc} \sqrt{K_{pc}} l_{bc}) \tag{141}$$

4) 지오셀 산마루 고정단에 사용된 고정말뚝의 개수, N_{rc}

$$N_{rc} = \frac{L_c}{x_c} \tag{142}$$

5) 고정말뚝에 의한 단위 사면 폭당 저항력, R_{pc}(kN/m)

$$R_{pc} = \frac{P_{pc} \times N_{rc}}{y_c} \tag{143}$$

6) 지오셀 산마루 고정단의 고정말뚝에 의한 총 저항력, R_{Tc}(kN/m)

$$R_{Tc} = q_e \tan\phi_e + R_{pc} \tag{144}$$

만약 R_{Tc}가 T_{GFn}보다 크면, $R_{Tc} = T_{GFn}$

7) 활동에 대한 안전율

$$FS_{(sh,st)c} = \frac{R_{Tc}}{F_{Dc}} \tag{145}$$

3.3.3.11 지오셀 보호사면의 전체 안전율 결정

지오셀로 보호된 사면층의 전체 안전율은 앞에서 검토한 안전율 중에서 가장 낮은 안전율을 대상으로 한다. 기준 안전율과 비교하여 검토된 모든 항목의 안전율을 만족하여야 한다.

3.4 하천 수로 사면 침식방지

3.4.1 개요

지오셀의 사면 표층보호공법에서 수리하중의 영향을 크게 고려해야 하는 부분이 하천 수로 사면의 침식방지공이다. 집중강우 시와 같이 하천의 유속이 빠른 경우에는 침식에 의한 하천 제방의 유실이 발생하므로 적절한 방안으로 하천 수로 사면의 보호 시스템이 요구된다. 국내에서는 여름 우기의 계절적 집중강우와 산악지 비율이 높은 지형적 특징에 기인한 높은 수리하중을 고려한 적용기준의 정립이 필수적이다.

다수의 해외사례에서 하천 수리하중에 의해 손상된 제방의 복구나 신규 제방 조성 등에 지오셀이 성공적으로 적용된 사례가 보고되었으며, 분명 지오셀을 하천 수로 사면 안정화의 해결방안으로 적용하는 것은 정성적으로 타당하다고 판단된다. 다만, 국내 여건에 맞는 적절한 설계방법과 기준을 추가적인 공학적 연구 활동으로 정리할 필요가 있다.

3.4.2 주요 지오셀 하천 수로 사면 침식방지공 사례

지오셀이 하천 수로 사면 침식방지공에 사용된 사례가 국내에서도 보고되고 있다. 다만 홍수수위 상부에 식생층의 보강을 통한 침식방지의 목적과 상대적으로 유속이 느린 위치에 적용된 사례가 대부분이다. 국내에서는 유속이 빠른 경우나 상시수위 위치에서 지오셀의 적용이 극히 제한적이다.

한편 해외에서는 유속이 빨라서 손상된 제방의 복구나 신규 제방의 조성을 위해, 지오셀 토류구조물 형식의 제체를 적용한 사례가 다수 보고되어 있다. 사례연구를 통해 보면, 지오셀 토류구조물 형식으로 하천 제방 등을 구성할 경우, 유속 등의 수리하중에도 충분한 안정성을 확보하는 것으로 판단할 수 있다. 다만 지오셀 시스템을 하천 제방의 침식방지를 위해 적용하려면, 앞서 언급했듯이 국내 기후와 지형적 조건을 고려한 적절한 설계기준의 정립이 요구된다.

a) 국내 하천 제방 사면보호 사례 1

b) 국내 하천 제방 사면보호 사례 2

c) 토류구조물 형식의 하천 제방 사례 1

d) 토류구조물 형식의 하천 제방 사례 2

그림 3.34 하천 제방 사면보호 사례

3.4.3 지오셀 적용 하천 수로의 수리하중 산출

지오셀이 적용될 하천 수로의 기본적인 단면이 그림 3.35와 같다고 할 때, 조성된 하천이나 수로의 유속과 유량은 식 (146)과 (147)을 통해 구할 수 있다.

$$V = \frac{1}{n} \times R^{(2/3)} \times S^{(1/2)} \tag{146}$$

$$Q = A \cdot V \tag{147}$$

여기서, V : 유속(m/sec)

n : 조도계수(sec/m$^{(1/3)}$)

R : 경심(m), $R = \dfrac{A}{b + 2H \times \sqrt{(1+\cot^2\theta)}}$

S : 수로 경사(m/m)

Q : 유량(m^3/sec)

A : 통수단면적(m^2)

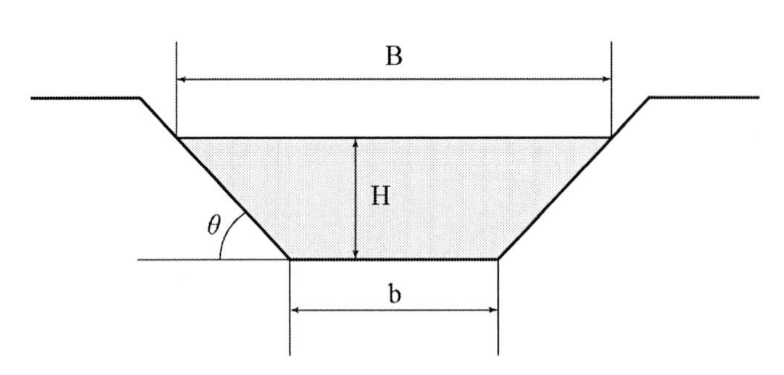

그림 3.35 지오셀 적용 하천 수로의 단면

3.4.4 지오셀 적용 하천의 설계인자 결정

지오셀이 적용된 하천 수로의 공학적 안정성 검토에서 핵심적 설계인자인 조도계수의 결정이 중요하다. 많은 선행연구와 기술자료를 통해 표 3.10과 같은 지오셀 적용 하천 수로 사면에 인용되는 조도계수가 제안되었다. 지오셀의 형태적 특징과 윤변의 상태, 즉 지오셀의 속채움과 표층의 조성 상태에 따라 그 값이 결정되는 것을 확인할 수 있다. 제시된 조도계수는 유효한 참고자료이지만, 국내 여건에 적합한 설계 정수인지는 추가적인 연구를 통해 확인해야 한다. 또한 각 제품의 특징을 반영한 조도계수의 결정이 필요하다.

표 3.10의 값은 지오셀을 하천 수로 사면에 일층으로 펼쳤을 때를 기준으로 한 것이다. 전술한 바와 같이 집중강우가 빈번하고 강우량과 유속이 큰 국내 여건에서는 지오셀 토류구조물 형태의 하천 수로 사면의 조성이 합리적이라고 판단되며, 또한 이러한 지오셀 적용 조건에 의한 조도계수의 결정과 안정성 검토 기준의 개발이 필요하다.

표 3.10 지오셀 적용 하천의 조도계수(n) 권장기준

지오셀 적용 하천 수로의 윤변 상태	n값의 범위(권장)	비고
지오셀에 콘크리트 속채움 (매끄러운 표면 마감)	0.015~0.016	
지오셀에 콘크리트 속채움 (거친 표면 마감)	0.025~0.028	
지오셀에 25~50mm 직경의 쇄석 채움	0.022	
지오셀에 15mm 직경의 쇄석 채움	0.046	
지오셀에 잔디 식재 (7.5~15cm 활착)	0.026~0.040	

CHAPTER 04

시공

CHAPTER

04 시공

4.1 주요 적용 분야별 시공방법

4.1.1 지오셀의 설치 기본

1) 펼치기

(1) 고정말뚝을 이용하는 방법 : 정리된 지반 위에 접혀진 지오셀을 위치시키고, 최외곽 셀 안쪽에 고정말뚝(앵커 핀)으로 고정한 뒤 반대편 섹션 끝을 잡아 제품규격에 맞게 섹션 길이와 폭만큼 펼친다. 펼친 후 섹션 반대편 외곽 셀 안쪽에 고정말뚝으로 고정하여 섹션이 펼쳐진 상태를 유지하도록 한다. 기층보강이나 사면침식방지에 시공하는 경우에 주로 적용한다.

(2) 펼침틀을 이용하는 방법 : 지오셀이 펼쳐졌을 때, 섹션 길이 및 폭과 같은 크기의 펼침용 틀에 달린 고정핀에 최외곽 셀을 끼우고 반대편의 핀에 지오셀을 펼친 후, 반대편 최외곽 셀을 끼워 틀에 셀형 토목용보강재가 고정되도록 하고, 펼침틀을 뒤집어 지오셀이 아래쪽에 위치하도록 설계도서에 계획된 위치에 설치한다. 펼침틀은 셀 속채움 작업이 완료될 때까지 지오셀이 끼워진 채로 작업을 진행한다(그림 4.1 참조). 전면부 선형이 중요한 옹벽이나 보강성토사면 같은 경우에 주로 적용한다.

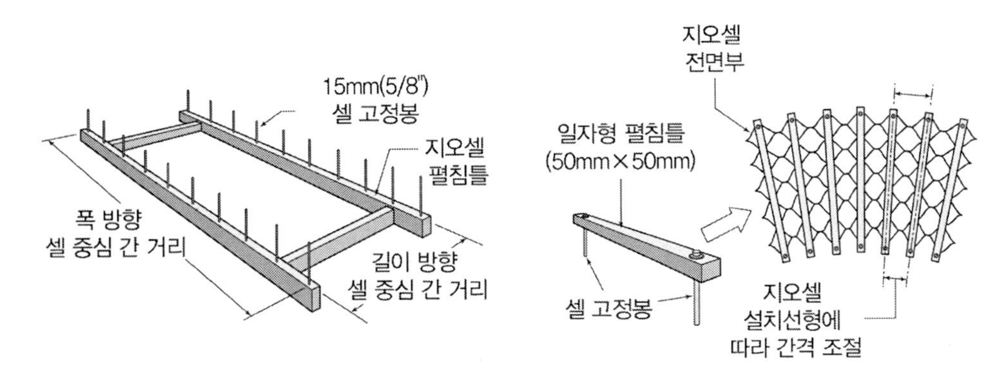

그림 4.1 지오셀 펼침틀 예시

2) 섹션의 연결

(1) 스테이플러를 이용하는 방법 : 여러 섹션을 연결해야 하는 경우, 섹션의 길이 방향과 폭 방향으로 지오셀을 연결해야 한다. 이때 주로 사용되는 것이 공기압을 이용한 스테이플러 방식이다. 전용 공압장비를 이용하여 금속성분의 스테이플러를 연결하고자 하는 셀벽이나 단부를 겹친 후 고정 연결하는 방식이다. 스테이플러의 강도와 내구성 등에 의한 제약이 있다.

(2) 연결장치를 이용하는 방법 : 스테이플러가 갖는 내구성의 한계와 연결강도의 제약 등으로 제조사별로 고유의 섹션을 연결하는 연결부재를 제시하고 있다. 연결하려는 지오셀 섹션의 외곽 셀벽에 형성된 홈에 끼워 연결 고정하는 부재를 이용하는 방식으로, 지오셀과 동일한 합성수지 원료를 이용하기 때문에 장기적 내화학성이 좋고 기계적으로 끼움 연결을 하므로 상대적으로 연결접합강도가 우수한 편이다.

(3) 호그링 : 가장 단순히 작업을 진행하는 방식으로 호그링(Hog Ring)을 연결하고자 하는 셀벽이나 단부를 겹친 후 상하에 호그링으로 고정하는 방식이다. 장기적으로 연속성이 필요한 분야에서는 추천하지 않는 방식이다.

3) 셀 속채움

(1) 지오셀의 속채움은 펼쳐진 상태에서 실시되며, 다양한 재료가 사용된다. 모래, 골재, 양질의 토사 및 레미콘 등이 속채움재로 적용된다. 셀 크기에 따라 채움재의 규격과

다짐 기준 등이 조정되어야 한다, 일괄적인 채움재의 규정과 다짐 기준의 적용은 작업 난이도를 높게 만드는 원인이 된다.

4.1.2 기층보강

1) 현장 준비

(1) 설계도서에 제시된 바와 같은 기울기, 깊이 그리고 크기에 따라 기초 터파기를 실시한다.

(2) 기초지반은 다짐을 통해 최소 강도 조건에 맞도록 준비하여 감독관의 승인을 받는다. 만약 불량한 경우 감독관의 지시에 따라 양질의 토사로 치환한다.

2) 지오셀의 포설

(1) 지반층과 속채움 사이의 분리가 요구되는 경우, 지오텍스타일을 포설한다. 만약 분리가 필요하지 않은 경우, 지오셀을 지반 위에 직접 설치한다.

(2) 시공 도면에 제시한 크기의 지오셀을 펼침틀이나 고정용 핀으로 펼쳐서 설치한다. 적정 위치에 추가 고정핀이나 기타 유사 앵커로 지오셀을 지반에 고정한다.

(3) 지오셀 섹션을 펼쳤을 때 균일하게 펼쳐졌는지, 각 지오셀 층이 올바른 선형을 유지하는지 확인하여야 한다.

3) 셀 속채움 및 다짐

(1) 속채움은 최대입경이 65mm를 초과하지 않는 입상재로 실시한다. 이때 지오셀 셀 높이보다 약 50mm 높게 여성토하며, 장비 운행 시 지오셀 셀 손상이 발생하지 않도록 충분히 여성토가 되도록 한다.

(2) 다짐도가 최대건조밀도(KS F 2312의 A 또는 B 방법)의 90%가 되도록 다지고, 셀 높이보다 높게 채움하여야 한다.

(3) 시공 도면에 따라 셀 위 표토의 높이를 정하고 다짐하여 마무리한다.

a) 지오텍스타일 분리재 포설

b) 지오셀 포설

c) 지오셀 고정

d) 지오셀 섹션 연결

e) 지오셀 속채움

f) 다짐 및 마무리

그림 4.2 지오셀을 이용한 기층보강 시공 순서

4.1.3 사면 보호

1) 현장 준비

(1) 지오셀 상단이 시공 도면상 최종 경사와 나란하거나 약간 낮은 상태가 되도록 사면을 정리한다.

(2) 만약 지오텍스타일 사용이 규정된 조건이라면, 지반에 부직포 지오텍스타일을 포설한다. 이때 일정 길이만큼 겹치게 하고 가장자리는 약 150mm 정도 지반에 묻히게 한다.

2) 지오셀의 펼침 및 고정

(1) 사면 상부에 지오셀 섹션을 고정한다. 앵커의 형태나 수는 감독관의 지시나 설계도서에 의거하여 실시한다.

(2) 지오셀 섹션을 사면 아래쪽으로 펼친다. 이때 지오셀이 균일하게 펼쳐져야 한다. 바깥 셀이 반듯하게 펼쳐져야 하며, 각 섹션의 셀 상단이 같은 높이에 위치하게 연결한다. 전체 계획된 사면에 지오셀을 포설하고, 설계도서에 명기된 방법으로 고정한다.

3) 보강로프(텐돈)로 연결된 지오셀의 고정(규정된 경우)

(1) 지오셀 설치 사면에 고정말뚝의 사용이 불가능한 경우, 보강로프를 사용할 수 있다. 일정 규격의 보강로프를 지오셀 셀벽에 형성된 구멍을 관통시켜 설치한다. 보강로프의 끝은 매듭을 형성하거나 적절한 방법으로 마무리하여 셀에서 풀리지 않게 한다. 또한 하중이 가해진 상태에서도 풀리지 않아야 한다.

(2) 보강로프와 지오셀 섹션을 사면 상부에 고정하고 아래 방향으로 펼친다.

(3) 지오셀 섹션 하부에 지오멤브레인이 없어 핀 앵커가 가능한 경우에는 J형 핀이나 유사한 고정말뚝으로 중간중간에 고정이 가능하다. 핀으로 고정된 각 위치에서는 보강로프에 고리를 만들어 고정말뚝과 연결하여 고정시킨다.

4) 셀 속채움

(1) 백호(Backhoe), 로더(Loader), 크레인 장착 장비 등을 이용하여 속채움을 실시한다. 속채움재를 쏟아붓는 높이는 1m 이하여야 하며, 지오셀 섹션의 변형을 막기 위해 사면 상부에서 하부 순으로 속채움을 실시한다. 구체적인 여성토나 다짐은 다음과 같이 실시한다.

- 여성토는 약간의 다짐으로 셀 높이와 같아지게 50mm 정도로 한다.
- 여성토 후 플레이트 탬퍼나 백호 버킷으로 다진 후 남은 흙을 제거하여 셀 높이와 같게 한다.
- 수작업으로 표면 마감을 실시한다. 이때 속채움 높이와 셀 높이를 같게 하여야 한다.

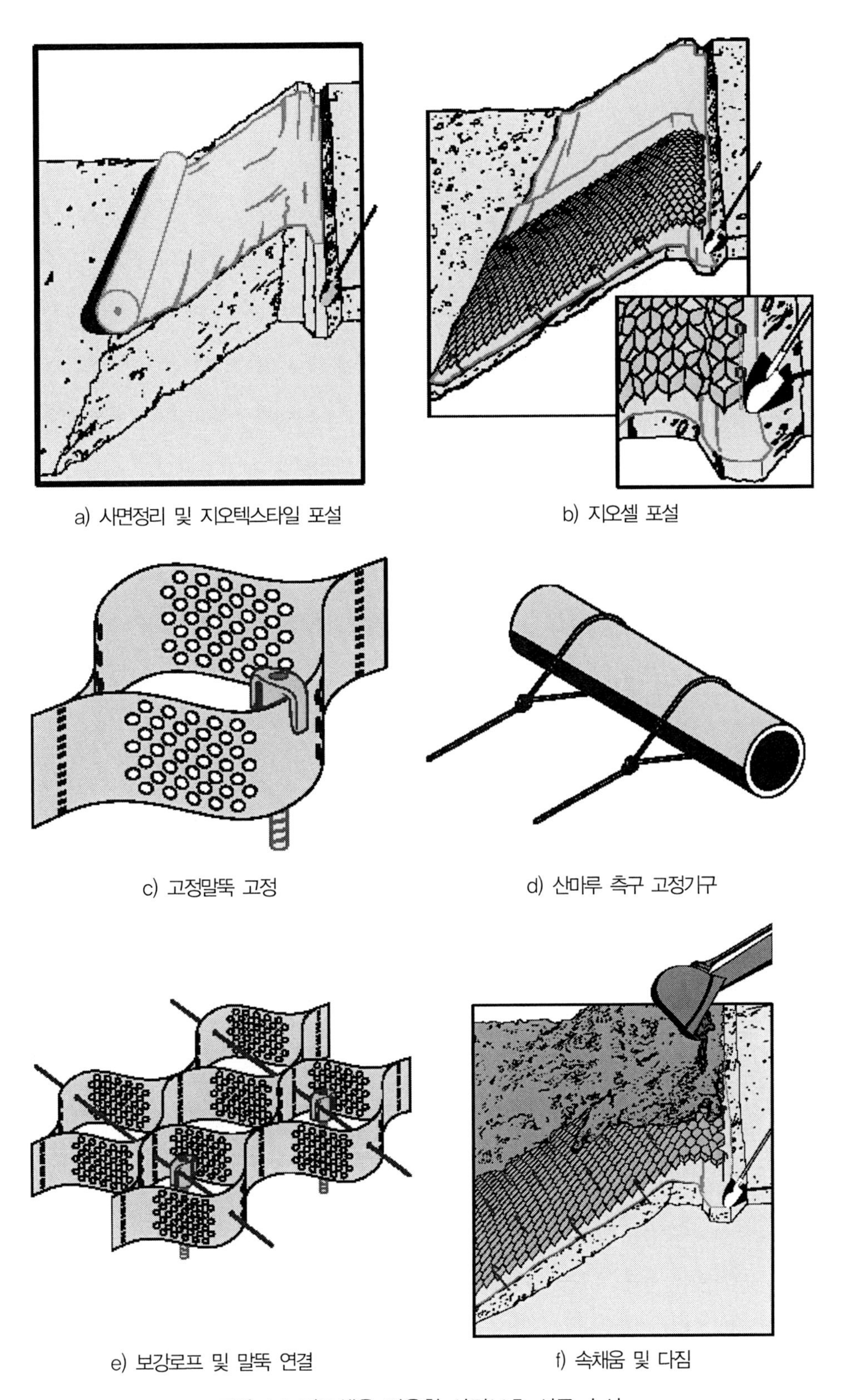

a) 사면정리 및 지오텍스타일 포설

b) 지오셀 포설

c) 고정말뚝 고정

d) 산마루 측구 고정기구

e) 보강로프 및 말뚝 연결

f) 속채움 및 다짐

그림 4.3 지오셀을 이용한 사면보호 시공 순서

4.1.4 토류구조물

1) 현장 준비

(1) 감독관이나 시공 도면에 제시된 바와 같은 기울기, 높이 그리고 크기에 따라 터파기나 메우기 작업을 한다.

(2) 기초지반은 최소 강도기준에 맞도록 준비하여 감독관의 승인을 받는다. 만약 불량한 경우 감독관의 지시에 따라 양질의 토사로 치환되어야 한다. 다짐도는 최대건조밀도(KS F 2312의 D 또는 E 방법)의 95%가 되도록 다진다.

(3) 바닥면에 지오텍스타일을 포설한다. 이때 지오텍스타일들이 충분히 겹쳐져야 하며, 지오텍스타일의 가장자리는 150mm 이상 흙 속에 묻혀야 한다.

2) 지오셀 섹션의 설치 및 속채움

(1) 설계도서에 제시된 규격의 지오셀을 펼침용 보조틀에 펼쳐 고정한 다음, 포설 위치에 펼침틀을 뒤집어 놓는다.

(2) 구조물의 계획 선형에 따라 지오셀을 위치시키고 연속하여 다음 섹션을 펼쳐 연결, 고정한다.

(3) 모든 지오셀의 상단 높이와 선형은 설계도서에 일치하도록 설치한다.

3) 배수 시스템

(1) 설계도서에 제시된 바와 같은 유공관을 부직포 지오텍스타일로 감싸거나 주위에 배수 자갈층을 두어 시공한다. 유공관은 배수 방향으로 약 1%의 기울기를 유지하도록 주의한다. 이러한 유공관을 T형 집수관에 연결한다. 배수구는 누수에 의한 침식이 발생하지 않도록 지오텍스타일로 필히 감싸야 한다. 배수 시스템 주위의 채움재를 충분히 다져야 한다.

(2) 특별히 규정된 경우 지오텍스타일을 기초면에서부터 배면 사면으로 연속적으로 포설하고 핀으로 고정한다. 겹쳐지는 부분은 최소 300mm 이상이어야 한다. 만약 배수용 지오콤포지트로 규정된 경우에는 각 배수재들이 연속적으로 연결되도록 하고

누수방지를 위해 연결부위를 지오텍스타일로 꼭 감싸야 한다.

4) 셀 속채움 및 다짐

(1) 펼쳐진 지오셀에 적절한 방법으로 채움재를 채워 속채움을 실시한다. 이때 각 셀에 채움재료로 셀 높이보다 약 50mm 높게 여성토한다.

(2) 다짐도가 최대건조밀도(KS F 2312의 A 또는 B 방법)의 90% 이상이 되도록 다지고, 셀 위에 남은 여분의 흙은 제거하여 높이를 같게 한다. 또한 다짐 작업에 의한 지오셀 섹션의 수평 변형을 막기 위해 지오셀 섹션에서 1m 이내에는 대형 다짐장비가 진입하지 않아야 한다.

(3) 구조물의 전면부 구간에는 소형 다짐장비를 이용하여 다짐을 실시한다.

5) 보강재의 설치 및 뒤채움

(1) 설계도서에 따라 각 지오셀 섹션들 사이에 그리드형 토목용보강재(지오그리드, 지오텍스타일)를 설치한다.

(2) 시공 도면에 따라 규정된 높이에 미리 절단된 보강재를 옹벽 전면에 직각 방향으로 포설한다. 이때 보강재의 끝단은 지오셀 바깥 부분에서 150mm 안쪽에 위치하도록 한다.

(3) 보강재를 지오셀 배면으로 충분히 당겨 보강재가 접히거나 느슨해지지 않도록 한다. 필요하다면 핀을 박아 완전히 펼쳐야 한다.

(4) 최소 150mm의 흙 쌓기가 되기 전에는 궤도 장비를 보강재 위에 직접 주행하면 안 된다. 타이어 장비는 보강재 위로 저속 주행할 수 있지만, 급제동이나 급회전을 하면 안 된다.

(5) 뒤채움 시 초기 성토는 높이가 약 250mm 이상이 되게 하고, 다짐도가 최대건조밀도(KS F 2312의 D 또는 E 방법)의 95% 이상이 되도록 잘 다진다. 뒤채움 작업 중 보강재의 과도한 변형이 발생하지 않도록 주의한다. 다짐 후 높이는 전면 지오셀 섹션의 높이와 일치하도록 한다.

(6) 보강토 영역 배면토도 초기 250mm로 성토하고 최대건조밀도(KS F 2312의 D 또는 E 방법)의 95% 이상이 되도록 다짐한다.

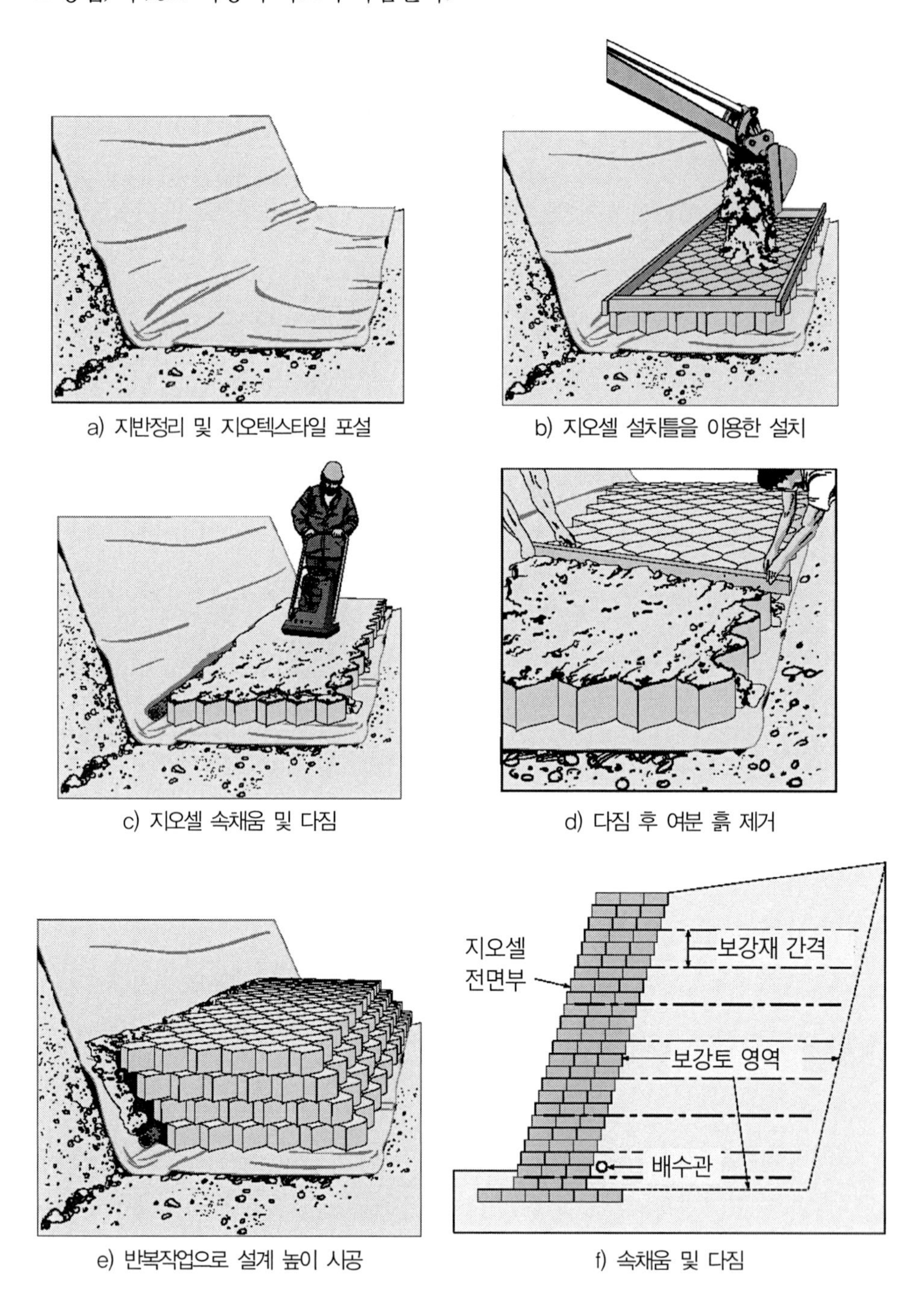

그림 4.4 지오셀 토류구조물의 시공 순서

6) 다음 층 설치

(1) 설계된 전면 기울기에 맞게 뒤로 물려서 다음 층 지오셀 쌓기를 한다.

(2) 1)~5) 과정을 반복하여, 설계 높이만큼 구조물을 시공한다.

(3) 바깥 셀에 특정 속채움재 사용이 규정된 경우, 감독관의 지시에 따라 시공한다.

4.2 시공 세부사항 및 관리

4.2.1 지오셀 섹션의 연결

지오셀은 시공 과정에서 반드시 연속되어 시공되는 섹션과 연결되어야 한다. 적용 분야에 따라 연결부의 역학적 특성이 중요하게 취급되어야 한다. 포설되는 길이 방향과 폭 방향에 대해 지오셀 제품의 종류에 따라 다양한 연결방식이 적용될 수 있으며, 간단히 HDPE 스트립형 지오셀을 기준으로 가장 보편적인 연결방식에 대해 알아보고자 한다. 지오셀 적용 초기에는 공압식 스테이플러와 내부식성 소재로 된 스테이플을 사용하여 연결하였다. 전용공구와 컴프레서 등이 필요한 점과 스테이플러의 내구성에 대한 한계 등으로 스테이플링 연결은 제한적으로 적용되고 있으며, 최근에는 연결 클립(Clip) 혹은 연결 키(Key)를 사용한 간편한 연결방식을 선호하고 있다.

4.2.1.1 스테이플링

전용 스테이플러와 스테이플을 이용하여 길이 방향과 폭 방향에 기계적으로 연결하는 방식이다. 물론 수동식 핸드 스테이플도 사용하는데, 부직포 소재로 제조된 지오셀의 경우에 사용되고 있다. 그림 4.5와 같은 장비를 이용하여 지오셀 섹션을 연결한다. 스테이플링의 수에 의해 연결강도가 결정되며, 스테이플의 내구성에 대한 한계가 존재한다. 스테이플은 스테인레스나 알루미늄 재질의 것이 적용되며, 이론상으로는 내구성이 우수해야 하나 실제 작업과정에서 손상에 의한 내구성 저하 부분을 고려할 필요가 있다.

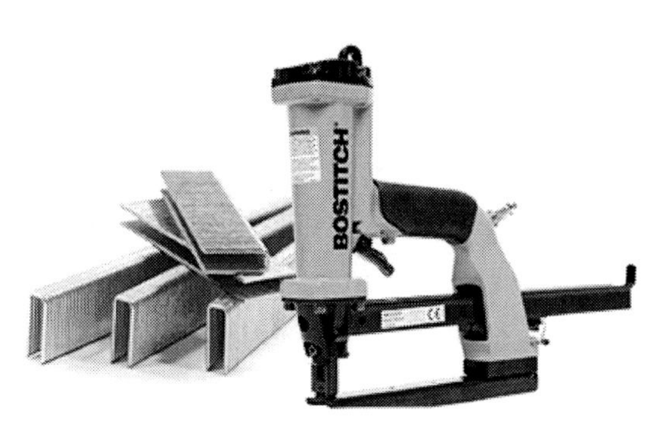

그림 4.5 스테이플링을 이용한 지오셀 연결

4.2.1.2 연결 키(Key)

지오셀의 길이 방향과 폭 방향 단부를 서로 겹치고 형성된 연결 구멍에 연결 키를 고정하는 방식으로, 지오셀 제조사에서 사용하는 기본적인 메커니즘은 유사하며 구성하는 연결 키와 연결 구멍의 형상에서 제조사별로 차이를 보이고 있다(그림 4.6 참조). 지오셀을 연결 키를 통해 기계적으로 연결하고, 지오셀과 동일한 원료를 이용하여 제작하기 때문에 내구성은 지오셀과 동일하게 검토할 수 있다. 간단한 작업공정으로 스테이플링에 비해 상대적으로 작업 효율성이 높다.

4.2.1.3 연결효율 검토

지오셀 연결부에 대한 효율과 고장에 대한 검토가 필요하다. 지오셀 내부 융착부에 대해 평가된 접합강도의 관점에서 보면, 지오셀 섹션의 연결부의 연결강도 역시 지오셀 융착 접합강도와 동일한 연결효율을 가져야 한다. KS K ISO 13426-1의 시험규격을 준용하여 연결효율을 정량적으로 평가할 수 있으며, 내부 융착접합강도와 동일한 수준의 역학적 거동을 보여야 한다. 전술한 연결방법 이외의 방식으로 연결할 경우에도 동일한 개념이 적용되어 연결효율에 대해 검토할 것을 권장한다.

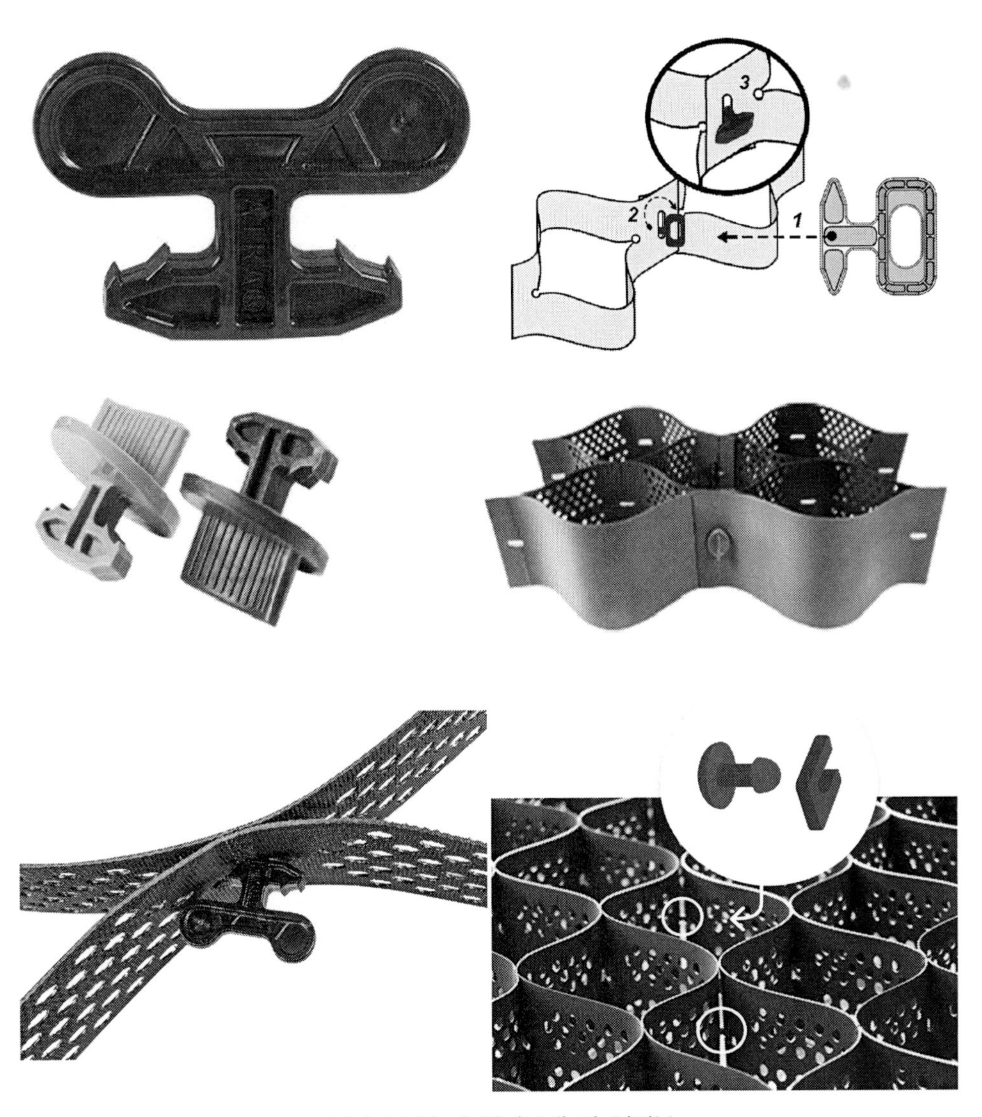

그림 4.6 지오셀 연결부재 및 연결부

CHAPTER 05

장기성능

CHAPTER
05 장기성능

5.1 UV 내구성

지오셀은 스트립 제조단계에서 광안정화제를 첨가하여 자외선에 대한 저항성을 향상시키고 있다. 광안정화제로는 카본블랙과 HALS(Hindered Amine Light Stabilizer)를 사용하고 있다. 합성고분자재료인 폴리에틸렌의 자외선에 대한 내구성은 ESCR과 산화유도시간을 측정함으로써 평가되는데, 지오셀만을 위한 국내 KS 기준은 없으며 폐기물 매립지에 사용되는 차수시트에 대한 기준을 인용하여 적용할 수 있다.

지오셀 제조에 사용된 폴리에틸렌 스트립의 ESCR 평가를 통한 관리기준은 시험결과가 약 3,000시간 이상을 보이도록 관리하고 있다. 지오셀을 구성하는 재료인 HDPE 시트와 동일한, 폐기물 매립장에 적용되는 차수시트에 대한 기준은 산화유도시간(Oxidative Induction Time, OIT)을 시험하여 부합 여부를 판단하는데, 산화유도시간 측정 시험에서 표준조건, 100분 노출했을 때 유지율이 55% 이상이어야 하고, 가압조건, 400분 처리했을 때 유지율이 80%로 기준되어 있다.

지오셀은 지중에 설치되는 재료로서 노출에 의한 자외선 분해 가능성은 매우 낮다. 다만 옹벽의 경우 최외곽 셀이 자외선에 노출되는데, 이 또한 식생이 완료되면 식물의 차단막 효과와 광안정화제의 첨가로 심각한 분해현상은 발생하지 않는다.

5.2 내화학성

지오셀의 원료는 고밀도 폴리에틸렌으로 합성고분자(플라스틱) 소재 중 화학적으로 가장 안정된 구조를 가지고 있다. 일반적으로 폴리에틸렌은 산과 알칼리에 강하여 100°C의 황산과 염산에 24시간 담가 놓아도 전혀 영향을 받지 않는다. 폴리에틸렌이 영향을 주는 화학용제는 고온에서 벤젠 용액이나 4염화탄소류의 용제에 약간 녹으며, 상온에서는 어떠한 용제에도 녹지 않는다.

지오셀은 통상 70°C 이하에서 아래 화학물질에 대해 우수한 저항성을 갖는다.

: 지방족 탄화수소, 방향족 탄화수소, 염화용제, 산화용제, 원유용제, 알콜, 약산 & 약알칼리, 일체의 중금속 등

5.3 내화성

지오셀을 산간지대에 사용하는 경우 종종 산불과 관련된 이슈를 검토할 경우가 있다. 지오셀은 가연성 소재로 제조되기 때문에 지오셀 자재 자체만 불에 노출되는 경우, 당연히 불에 타게 된다. 그러나 지오셀이 속채움재로 채워진 상태에서는 불에 노출되어도 타지 않는다. 열에 변형되지 않는다는 것이 아니라 지오셀 자체가 채움재로 채워져 있을 때는 '불이 옮겨 붙지 않는다'고 보는 것이 타당하다. 간단한 지오셀 시편의 포설/속채움/표면발화 시험을 통해 포설된 지오셀의 화재에 대한 안정성을 확인할 수 있다. 또한 산불 등의 화재에 대한 해결책이 필요한 경우에는 원료에 불연제를 첨가하여 노출되는 지오셀에 불에 타지 않는 특성을 부여할 수 있다.

a) 지오셀 포설

b) 지오셀 속채움 후 여성토/다짐

c) 간이 발화(화재)시험

d) 지오셀 시편 채취 모습

그림 5.1 지오셀 내화성 간이 시험

참고문헌

1. 김경모, 김홍택, 이형규(2005), "토목섬유의 보강효과를 고려한 사면안정해석", 한국지반환경공학회 논문집, 제6권, 제1호, pp.73~82.
2. (사)한국지반신소재학회(2024), 국가건설기준 KDS 11 80 10 : 2021 보강토옹벽 해설.
3. KDS 11 80 10 보강토옹벽.
4. KS F 2312 흙의 실내 다짐 시험방법.
5. KS K ISO 12957-1 지오신세틱스 마찰특성 측정 - 제1부 : 직접전단시험.
6. KS K ISO 10318-1 지오신세틱스 - 제1부 : 용어와 정의.
7. KS K ISO 13426-1 지오텍스타일 및 관련제품 - 내부구조 접점강도 - 제1부 : 지오셀.
8. Presto Geosystem Rosebush, History of Geocells.
9. AASHTO (2020), AASHTO LRFD Bridge Design Specifications, 9th Ed.
10. ASTM D 5321, Standard Test Method for Determining the Shear Strength of Soil-Geosynthetic and Geosynthetic-Geosynthetic Interfaces by Direct Shear.
11. ASTM D 6638, Standard Test Method for Determining Connection Strength Between Geosynthetic Reinforcement and Segmental Concrete Units (Modular Concrete Blocks).
12. Berg, R.R., Christopher, B.R. and Samtani, N.C. (2009), Design of Mechanically Stabilized Earth Walls and Reinforced Soil Slopes-Volume Ⅰ, FHWA-NHI-10-024, US Department of Transportation Federal Highway Administration.
13. Bishop, A.W. (1955), "The use of the Slip Circle in the Stability Analysis of Slopes", Géotechnique, Vol.5, No.1, pp.7~17.
14. Elias, V., Christopher, B.R. and Berg, R.R. (2001), "Mechanically Stabilized Earth Walls and Reinforced Soil Slopes Design and Construction Guidelines", FHWA-NHI-00-043, US Department of Transportation Federal Highway Administration.
15. General Reference Material, Geoweb Confinement System, Presto Products Geosystems.

16. Highways Agency (UK) (1994), Design Methods for the Reinforcement of Highway Slopes by Reinforced Soil and Soil Nailing Techniques, Advice Note HA 68/94, Design Manual for Roads and Bridges, London.
17. Ismeik, M. and Guler, E. (1998), "Effect of Wall Facing on the Seismic Stability of Geosynthetic-Reinforced Retaining Walls", Geosynthetics International, Vol.5, Nos.1~2, pp.41~53.
18. Jewell, R.A. (1990), "Revised Design Charts for Steep Reinforced Slopes", Proceedings of the Symposium on Reinforced Embankments - Theory and Practice, Cambridge, United Kingdom, September 1989, pp.1~30.
19. Morgenstern, N.R. and Price, V.E. (1965), "The Analysis of the Stability of General Slip Surfaces", Géotechnique, Vol.15, Issue 1, pp.79~93.
20. NCMA (2010), Design Manual for Segmental Retaining Walls, 3rd Edition, National Concrete Masonry Association, Virginia, USA.
21. Schmertmann, G.R., Chouery-Curtis, V.E., Johnson, R.D. and Bonaparte, R. (1987), "Design Charts for Geogrid-Reinforced Slopes". Proceedings of Geosynthetics '87, Vol. 1, New Orleans: 108-120.
22. Spencer, E.E. (1967), "A method of the Analysis of the Stability of Embankment Assuming Parallel Inter-Sliceforces", Géotechnique, Vol.17, pp.11~26.
23. Vesic, A.S. (1973), "Analysis of Ultimate Loads of Shallow Foundations", Journal of The Soil Mechanics and Foundations Division, ASCE, pp.45~73.
24. Webster, S.L. and Watkins, J.E. (1977), "Investigation of Construction Techniques for Tactical Bridge Approach Roads Across Soft Ground", Technical Report No. S-77-1, United States Army Engineer Waterways Experiment Station, Corps of Engineers, USA.

참여진

■ 집필위원

대표저자	유중조 상무 / ㈜골든포우
위 원 장	유승경 교수 / 명지전문대학, 제12대 한국지반신소재학회 회장
위 원	김경모 소장 / 이에스컨설팅
	김낙영 선임연구위원 / 한국도로공사
	김영석 선임연구위원 / 한국건설기술연구원
	김홍관 부원장 / FITI시험연구원
	도종남 수석연구원 / 한국도로공사
	도진웅 교수 / 경상국립대학교
	이광우 연구위원 / 한국건설기술연구원
	이용수 선임연구위원 / 한국건설기술연구원
	조인휘 대표이사 / ㈜아이디어스
	조진우 연구위원 / 한국건설기술연구원
	홍기권 교수 / 한라대학교

■ 감수위원

조삼덕 박사 / (전)한국건설기술연구원
신은철 명예교수 / 인천대학교
전한용 명예교수 / 인하대학교

■ 자문위원

채영수 명예교수 / 수원대학교
유충식 교수 / 성균관대학교
이강일 교수 / 대진대학교
주재우 명예교수 / 순천대학교
장연수 명예교수 / 동국대학교
이재영 교수 / 서울시립대학교
김유성 명예교수 / 전북대학교
한중근 교수 / 중앙대학교
김영윤 대표이사 / 보강기술㈜
김정호 대표이사 / ㈜다산컨설턴트
이은수 박사 / (전)한양대학교
조관영 대표이사 / ㈜대한아이엠

저탄소 건설재료

지오셀의 설계 및 시공

초판인쇄 2024년 05월 27일
초판발행 2024년 05월 31일

저　　자 (사)한국지반신소재학회
펴 낸 이 (사)한국지반신소재학회 회장 유승경
펴 낸 곳 도서출판 씨아이알

책임편집 김선경
디 자 인 송성용, 엄해정
제작책임 김문갑

등록번호 제2-3285호
등 록 일 2001년 3월 19일
주　　소 (04626) 서울특별시 중구 필동로8길 43(예장동 1-151)
전화번호 02-2275-8603(대표)
팩스번호 02-2275-8604
홈페이지 www.circom.co.kr

I S B N 979-11-6856-241-7 93530
정　　가 20,000원